50
cosas que hay que saber sobre el
Universo

50
cosas que hay que saber sobre el
Universo

Joanne Baker

Ariel

Título original: *50 Universe Ideas You Really Need to Know*

Primera edición: mayo de 2011
Primera edición en esta presentación: septiembre de 2025

Avda. Diagonal, 662-664, 08034 Barcelona
Editorial Ariel es un sello editorial de Planeta, S. A.
www.ariel.es
www.planetadelibros.com

ISBN: 978-84-344-3961-0
Depósito legal: B. 13.365-2025

Impreso en España

Contenidos

Introducción *7*

DESCUBRIENDO EL UNIVERSO

01 Planetas *8*
02 Heliocentrismo *12*
03 Leyes de Kepler *16*
04 La ley de la gravitación de Newton *20*
05 La teoría de la óptica de Newton *24*
06 El telescopio *28*
07 Las líneas de Fraunhofer *32*
08 El efecto Doppler *36*
09 Paralaje *40*
10 El Gran Debate *44*

COSMOLOGÍA

11 La paradoja de Olbers *48*
12 La ley de Hubble *52*
13 Escalera de distancias cósmicas *56*
14 El Big Bang *60*
15 Fondo cósmico de microondas *64*
16 La nucleosíntesis del Big Bang *68*
17 Antimateria *72*
18 Materia oscura *76*
19 La inflación cósmica *80*
20 Constante cosmológica *84*

ESPACIO-TIEMPO Y MÁS ALLÁ

21 El principio de Mach *88*
22 Relatividad especial *92*
23 Relatividad general *96*
24 Agujeros negros *100*
25 Astropartículas *104*
26 La partícula de Dios *108*
27 Teoría de cuerdas *112*
28 Principio antrópico *116*

GALAXIAS

29 Secuencia de Hubble de galaxias *120*
30 Cúmulos galácticos *124*
31 Estructuras a gran escala *128*
32 Radioastronomía *132*
33 Cuásares *136*
34 Fondo de rayos X *140*
35 Agujeros negros supermasivos *144*
36 Evolución de la galaxia *148*
37 Lentes gravitatorias *152*

ESTRELLAS

38 Clasificación estelar *156*
39 Evolución de las estrellas *160*
40 Nacimiento de las estrellas *164*
41 Muertes estelares *168*
42 Púlsares *172*
43 Explosiones de rayos gamma *176*
44 Variabilidad *180*
45 El Sol *184*
46 Exoplanetas *188*
47 Formación del sistema solar *192*
48 Lunas *196*
49 Astrobiología *200*
50 La paradoja de Fermi *204*

Glosario *208*
Índice *211*

Introducción

La astronomía es una de las ciencias más antiguas y profundas. Desde que nuestros antepasados empezaron a seguir los movimientos del Sol y de las estrellas, se han realizado descubrimientos que han alterado radicalmente la concepción del lugar que ocupamos los humanos en el universo. Cada sucesivo avance de la ciencia ha tenido repercusiones en la sociedad: Galileo fue arrestado en el siglo XVII por defender la polémica teoría de que la Tierra giraba alrededor del Sol. La demostración de que nuestro sistema solar se desplaza con respecto al centro de la Vía Láctea se enfrentó a una resistencia incrédula semejante. Y Edwin Hubble, en los años veinte del siglo pasado, zanjó un importante debate cuando comprobó que la Vía Láctea es solo una de los miles de millones de galaxias que se reparten por el vasto universo en expansión, de 14.000 millones de años de edad.

Durante el siglo XX, el avance de la tecnología permitió incrementar el ritmo de los descubrimientos. Con el nuevo siglo, conseguimos comprender mejor las estrellas y sus procesos de fusión, así como profundizar en el estudio de la energía nuclear, de la radiación y de la construcción de la bomba atómica. Durante la Segunda Guerra Mundial y los años inmediatamente posteriores, se desarrolló la radioastronomía y se logró identificar púlsares, cuásares y agujeros negros. A continuación, se abrieron nuevas vías para estudiar el universo, desde la radiación de fondo de microondas al cielo de rayos X y rayos gamma, donde cada frecuencia conducía a nuevos descubrimientos.

Este libro ofrece una panorámica de la astrofísica desde la perspectiva de la ciencia moderna. Los primeros capítulos repasan los grandes saltos filosóficos que han tenido lugar en nuestra concepción del tamaño del universo, al mismo tiempo que presentan los elementos básicos, desde la gravedad al funcionamiento de un telescopio. El siguiente grupo plantea cómo ha avanzado la cosmología y el estudio del universo en su conjunto, repasando los elementos que lo constituyen, así como su historia y evolución. A continuación, se presentan algunos aspectos teóricos del universo, como la teoría de la relatividad, los agujeros negros y los multiversos. Finalmente, en las últimas secciones se examina detalladamente qué sabemos sobre las galaxias, las estrellas y el sistema solar, desde los cuásares y la evolución de la galaxia a los exoplanetas y la astrobiología. Teniendo en cuenta el rápido progreso de la ciencia, es posible que en las próximas décadas seamos testigos del siguiente gran cambio de paradigma con la detección de vida fuera de la Tierra.

01 Planetas

¿Cuántos planetas hay? Hasta hace pocos años esta era una pregunta sencilla que cualquiera podía responder: nueve. Hoy en día, sin embargo, es una respuesta controvertida, puesto que los astrónomos han puesto en duda el esquema habitual al descubrir cuerpos rocosos en la región externa congelada del sistema solar que rivalizan con Plutón, y al encontrar centenares de planetas alrededor de estrellas distantes. Estos descubrimientos obligaron a los científicos a tener que reconsiderar la definición de planeta, de manera que ahora habría ocho planetas *bona fide* en nuestro sistema solar, y además algunos planetas enanos, entre los que se contaría Plutón.

Desde la prehistoria, el hombre ha sido consciente de que los planetas son diferentes de las estrellas. Los planetas, llamados así por la palabra griega que significa «errabundo», migran por el cielo nocturno a través del inmutable telón de fondo de las estrellas. Todas las noches, las estrellas forman los mismos patrones. Todas sus constelaciones giran unidas alrededor de los polos norte y sur, y cada estrella describe a diario un círculo en el cielo. Sin embargo, las posiciones de los planetas respecto a las estrellas varían ligeramente cada día, siguiendo una trayectoria inclinada por el cielo, a la que se llama plano de la eclíptica. Al girar alrededor del Sol, todos los planetas se mueven en el mismo plano, que se proyecta como una línea en el cielo.

Desde hace milenios, se conocen los planetas mayores aparte de la Tierra, es decir, Mercurio, Venus, Marte, Júpiter y Saturno. Se ven fácilmente a simple vista, eclipsando a menudo a sus vecinos estelares, y sus movimientos retrógados les confirieron un estatus mítico. Con la llegada del telescopio en el siglo XVII, el asombro que inspiraban no dejó de crecer: Saturno estaba rodeado por unos anillos maravillosos; Júpiter alardeaba de un círculo de lunas y la superficie de Marte estaba salpicada de oscuros canales.

Planeta X El descubrimiento del planeta Urano, en 1781, realizado por el astrónomo británico William Herschel, tambaleó las certezas

Cronología

350 a. C.	1543	1610	1781
Aristóteles afirma que la Tierra es redonda	Copérnico publica su teoría heliocéntrica	Galileo Galilei descubre las lunas de Júpiter con el telescopio	William Herschel descubre Urano

existentes sobre el cielo. Al ser más tenue y tener unos movimientos más lentos que el resto de los planetas, al principio se creyó que Urano era una estrella solitaria. El cuidadoso seguimiento al que lo sometió Herschel demostró de forma concluyente que orbitaba alrededor del Sol, lo que le confería estatus de planeta. Herschel se ganó la fama gracias a su descubrimiento, e incluso buscó el favor del rey Jorge III poniéndole durante un breve periodo de tiempo el nombre del monarca inglés. No obstante, aún aguardaban nuevos descubrimientos. Las ligeras imperfecciones observadas en la órbita de Urano llevaron a formular la hipótesis de que algún otro cuerpo celestial que estaba más allá del planeta estaba perturbando su órbita.

Definición de planeta

Un planeta es un cuerpo celestial que: (a) está en órbita alrededor del Sol, (b) tiene masa suficiente para que su propia gravedad se imponga a las fuerzas de un cuerpo rígido, de manera que adquiera una forma redonda, y (c) despeje los alrededores de su órbita.

Varios astrónomos investigaron la ubicación donde se esperaba encontrar al intruso errabundo hasta que, en 1846, el francés Urbain Jean Joseph Le Verrier descubrió Neptuno adelantándose por poco al astrónomo británico John Couch Adams en el anuncio del hallazgo.

Más tarde, en 1930, se confirmó la existencia de Plutón. Igual que ocurriera con Neptuno, las ligeras desviaciones en los movimientos esperados de los planetas exteriores sugirieron la presencia de otro cuerpo, que en aquella época se llamó Planeta X. Clyde Tombaugh, del Observatorio Lowell de Estados Unidos, descubrió el objeto al comparar fotografías del cielo tomadas en momentos diferentes: el planeta había revelado su presencia por su movimiento. En este caso, una colegiala se encargó de elegir su nombre. Venetia Burney, de Oxford, en Gran Bretaña, ganó un concurso de nombres inspirándose en el mundo clásico y sugiriendo llamar al nuevo planeta Plutón, como el dios de los Infiernos. Plutón se hizo muy popular en la época, ya que desde el perro Pluto de los dibujos animados hasta el plutonio, elemento que acababa entonces de descubrirse, se llaman así por él.

«Como los continentes, los planetas se definen más bien según cómo los imaginamos, más que por algún dictamen posterior a los hechos.»

Michael Brown,
2006

1843-1846	1930	1962	1992	2005
Adams y Le Verrier predicen y confirman la existencia de Neptuno	Clyde Tombaugh descubre Plutón	Imágenes de Venus del First Mariner 2: superficie del planeta	Descubrimiento del primer planeta fuera del sistema solar	Brown descubre Eris

Plutón destronado Nuestro sistema solar de nueve planetas se mantuvo vigente durante 75 años, hasta que Michael Brown del Caltech y sus colaboradores descubrieron que Plutón no estaba solo. Después de encontrar un puñado de objetos de tamaño considerable no muy lejos de la órbita de Plutón, en el límite frío del sistema solar, descubrieron incluso un objeto mayor que el propio Plutón, y al que llamaron Eris. En ese momento, la comunidad astronómica se enfrentaba a un dilema: ¿debía convertirse en un décimo planeta el objeto descubierto por Brown?

¿Y qué ocurre con los demás cuerpos helados que están cerca de Plutón y de Eris? Inevitablemente, el estatus de planeta de Plutón se cuestionó. Los límites exteriores del sistema solar estaban llenos de objetos cubiertos de hielo: Plutón y Eris eran simplemente los mayores. Además, se conocía la existencia por doquier de asteroides rocosos de tamaño similar, como, por ejemplo, Ceres, un asteroide de 950 km de diámetro que se descubrió en 1801 entre Marte y Júpiter durante la búsqueda de Neptuno.

WILLIAM HERSCHEL (1738-1822)

Nacido en Hanover, Alemania, en 1738, Frederick William Herschel emigró a Inglaterra en 1757 donde consiguió vivir como músico. Desarrolló un vivo interés por la astronomía, que compartía con su hermana Caroline, a quien llevó a Inglaterra en 1772. Los Herschel construyeron un telescopio para inspeccionar el cielo nocturno, catalogar cientos de estrellas dobles y miles de nebulosas. Herschel descubrió Urano y lo llamó «Georgium Sidum» en honor del rey Jorge III, que lo nombró astrónomo de la corte. Entre los otros descubrimientos de Herschel se incluyen la naturaleza binaria de muchas estrellas dobles, la variación estacional de los casquetes polares de Marte y las lunas de Urano y Saturno.

En 2005 un comité de la Unión Astronómica internacional, la organización profesional de astrónomos, se reunió para decidir el destino de Plutón. Brown y algunos otros querían proteger el estatus de Plutón por estar culturalmente definido; además, en su opinión, Eris debería considerarse también un planeta.

«Quizás este mundo sea el infierno de otro planeta.»

Aldous Huxley

Otros, en cambio, pensaban que todos los cuerpos helados más allá de Neptuno no eran verdaderos planetas. Así, en 2006, tras someterse a votación, se acordó dar una nueva definición al término planeta. Hasta entonces, el concepto no estaba precisado. Algunos científicos mostraban su perplejidad y afirmaban que lo que les pedían era como intentar dar una definición precisa de un continente: si Australia es un continente, ¿por qué Groenlandia no lo es? ¿Dónde empiezan y acaban Europa y Asia? Sin embargo, los astrofísicos consiguieron acordar una serie de requisitos, de manera que un planeta pasó a definirse como un cuerpo celestial que orbita alrededor del Sol, que tiene masa suficiente para que su propia gravedad le haga tener forma redonda y que ha limpiado la región que lo rodea. Según estas reglas, Plutón no era un planeta, porque no había eliminado otros cuerpos de su órbita. Se denominó a Plutón y a Eris planetas enanos, igual que Ceres, mientras que los cuerpos más pequeños, excepto las lunas, siguieron sin especificarse.

Más allá del Sol Aunque esta definición de planeta se concibió para nuestro propio sistema solar, podría aplicarse también fuera de él. En la actualidad, sabemos que varios centenares de planetas orbitan alrededor de estrellas que no son el Sol. Se identifican principalmente por los sutiles tirones que ejercen sobre sus estrellas anfitrionas.

La definición de estrella también se ha cuestionado en los últimos tiempos. Las estrellas son bolas de gas, como el Sol, lo suficientemente grandes para provocar una fusión nuclear en su zona central, de donde nace la energía que hace brillar la estrella. Sin embargo, no resulta evidente dónde trazar la línea divisoria entre las bolas de gas de tamaño planetario como Júpiter, y las estrellas más pequeñas y oscuras, como las enanas marrones. Es posible que en el espacio haya estrellas sin encender e incluso planetas que floten libres.

La idea en síntesis: los planetas sobresalen entre la multitud

02 Heliocentrismo

Aunque ahora sabemos que la Tierra y los planetas giran alrededor del Sol, este hecho no se aceptó hasta que se acumularon pruebas suficientes en el siglo XVII. Entonces desgarró por completo nuestra visión del mundo: se demostró que los humanos no estaban en el centro del universo, al contrario de lo que afirmaban la filosofía y la religión de ese tiempo. Aún hoy, sigue oyéndose el rumor de discusiones similares respecto al lugar que ocupa el hombre en el cosmos, desde el dogma creacionista hasta los aspectos racionales de la cosmología.

Las sociedades arcaicas literalmente creían que el universo daba vueltas a su alrededor. En la Antigüedad, la Tierra se situaba siempre en el centro de los modelos del cosmos. Todo lo demás se desarrollaba a partir de ahí. Pensaban que todos los cuerpos celestiales estaban fijados a esferas de cristal que giraban alrededor de la Tierra, de manera que las estrellas (clavadas en ellas, o bien visibles a través de pequeños agujeros) rodeaban los polos celestiales norte y sur cada noche. De este modo, el ser humano se aseguraba un lugar primordial y central en el funcionamiento del universo.

No obstante, existían ya indicios de que ese modelo, tan cómodo para el hombre, y que había dejado perplejos a los filósofos naturales durante generaciones, era incorrecto. La idea de que los cielos giran alrededor del Sol (un modelo heliocéntrico, cuyo nombre proviene de la palabra griega *helios*, que quiere decir «sol») fue sugerida por los filósofos de la Grecia antigua ya en el año 270 a. C. Aristarco de Samos fue uno de los que transmitió ese tipo de hipótesis en sus escritos. Tras calcular los tamaños relativos de la Tierra y el Sol, Aristarco se dio cuenta de que el Sol era mucho mayor y, por tanto, tenía mucho más sentido que se moviera la Tierra, que era más pequeña, a que lo hiciera el Sol, que era mayor.

En el siglo II, Ptolomeo usó las matemáticas para predecir los movimientos de estrellas y planetas. Lo hizo razonablemente bien, pero ha-

Cronología

270 a. C.
Los antiguos griegos proponen un modelo heliocéntrico

Siglo II
Ptolomeo añade epiciclos para explicar los movimientos retrógrados

bía patrones obvios que no encajaban con sus ecuaciones. El comportamiento más sorprendente era que los planetas ocasionalmente cambiaban de dirección, es decir, que tenían un movimiento retrógrado. Ptolomeo imaginó, como aquellos que lo precedieron, que los planetas giraban sobre enormes ruedas circulares en el cielo, y avanzó una explicación añadiendo dientes a sus órbitas. Así, sugirió que los planetas rodaban alrededor de anillos más pequeños mientras viajaban por una pista principal mayor, como un gigantesco mecanismo de relojería. En el modelo de estos «epiciclos» superpuestos, los planetas de vez en cuando realizaban un movimiento hacia atrás, describiendo un bucle.

La idea de los epiciclos persistió, y años después se redefinió. Los filósofos se sentían atraídos por la idea de que la naturaleza favorecía las geometrías perfectas.

No obstante, cuando los astrónomos midieron los movimientos de los planetas con más precisión, sus prescripciones matemáticas de un mecanismo de relojería no conseguían explicarlos. Conforme mejoraban sus datos, las discrepancias con el modelo establecido aumentaban.

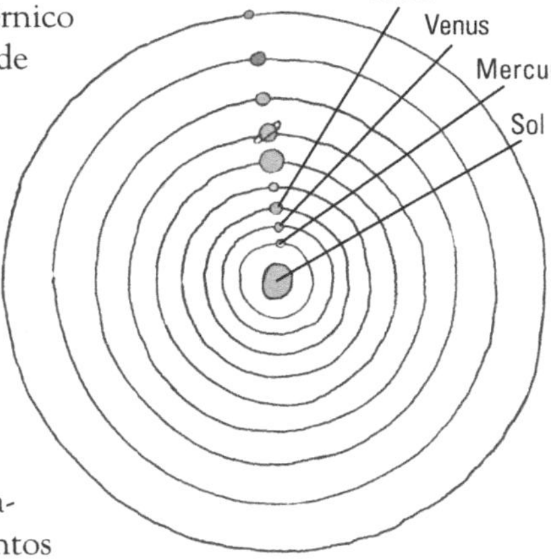

Las ideas del modelo heliocéntrico de Copérnico se plantearon en alguna ocasión a lo largo de los siglos, pero nunca llegaron a considerarse seriamente. La visión geocéntrica prevaleció instintivamente, y las teorías alternativas se consideraban un juego mental arbitrario. Así, hasta el siglo XVI, el modelo heliocéntrico no se desarrolló con todas sus consecuencias.

En su libro de 1543 *De Revolutionibus*, el astrónomo polaco Nicolás Copérnico describió un modelo heliocéntrico matemáticamente detallado, que explicaba los movimientos

«Finalmente pondremos al Sol mismo en el centro del universo.»

Nicolás Copérnico

1543	1609	1633
Copérnico publica el modelo heliocéntrico	Galileo descubre las lunas de Júpiter; Kepler describe las órbitas como elipses	Proceso a Galileo por defender el heliocentrismo

NICOLÁS COPÉRNICO (1473-1543)

Nacido en Torun, Polonia, Copérnico estudió para convertirse en un canónigo: recibió clases de derecho, medicina, astronomía y astrología. Sentía fascinación por las ideas de Ptolomeo sobre el orden del universo, pero también las criticaba, y desarrolló su propio sistema en el que la Tierra y los planetas giraban alrededor del Sol. El trabajo de Copérnico *De Revolutionibus Orbium Coelestium* (*Sobre las revoluciones de las esferas celestiales*), publicado en marzo de 1543 (justo dos meses antes de morir), fue toda una revelación que desmontaba la visión consagrada del universo heliocéntrico. No obstante, seguía estando lejos de las teorías de la astronomía moderna.

retrógrados de los planetas como una proyección de su movimiento alrededor del Sol, tal y como se verían desde la Tierra que, a su vez, giraba también de una forma similar.

Dado que ponía en duda la preeminencia de los humanos en el universo, el modelo de Copérnico tuvo consecuencias. La Iglesia y la sociedad siguieron prefiriendo la visión geocéntrica de Ptolomeo. Copérnico fue cauto y retrasó la publicación de su trabajo hasta el año de su muerte. Su argumento póstumo fue recibido y relegado sigilosamente, pero un personaje más ruidoso recogió su testigo.

El proceso a Galileo El astrónomo italiano Galileo Galilei desafió abiertamente a la Iglesia católica romana al defender el heliocentrismo. Su audacia se apoyaba en observaciones que realizó mediante el recién inventado telescopio. Al observar el cielo con mayor claridad que sus predecesores, Galileo encontró pruebas de que la Tierra no era el centro de todo. Júpiter tenía lunas que orbitaban a su alrededor, y Venus tenía fases igual que la Luna. Publicó estos descubrimientos en su libro de 1610 *Sidereus Nuncius*, o el *Mensajero estrellado*.

Convencido de que su visión heliocéntrica era correcta, Galileo defendió su argumentos en una carta a la gran duquesa Cristina. Tras afirmar que la rotación de la Tierra era la causa de que el Sol pareciera moverse por el cielo, fue convocado en Roma. El Vaticano aceptó que las observaciones eran ciertas, porque los astrónomos jesuitas veían las mismas cosas a través de sus telescopios. Sin embargo, la Iglesia se negó a aceptar la teoría de Galileo, afirmando que era solo una hipótesis que no podía tomarse al pie de la letra, por muy atractiva que resultara su simplicidad. En 1616, la Iglesia prohibió a Galileo

«Con toda seguridad, considerar herejía creer lo que se ha logrado demostrar es perjudicial para el alma.»

Galileo Galilei

enseñar la teoría heliocéntrica, y le impidió «mantener o defender» esa idea polémica.

La razón de Kepler Mientras tanto, un astrónomo alemán estudiaba también las matemáticas de los movimientos planetarios. Johannes Kepler publicó su análisis del recorrido de Marte en el libro *Astronomia nova* (1609), en el mismo año que Galileo construyó su telescopio. Kepler descubrió que una elipse, en lugar de un círculo, daba una mejor descripción de la órbita del planeta rojo alrededor del Sol. Al liberarse de los círculos perfectos, fue más allá del modelo de Copérnico y mejoró las predicciones de los movimientos planetarios.

Aunque ahora se considera una ley básica de la física, la visión de Kepler se adelantó a su tiempo y tardó mucho en aceptarse. Galileo, por una vez, lo ignoró.

A pesar de estar limitado, Galileo seguía convencido de que su explicación heliocéntrica era verdadera. Cuando el papa Urbano VIII le pidió que escribiera un ensayo objetivo que incluyera ambas posturas, y que se llamó *Diálogo de los dos sistemas del mundo*, Galileo contrarió al pontífice por favorecer su propia visión en perjuicio de la defendida por la Iglesia. El Vaticano, de nuevo, lo convocó en Roma, y lo condenó en 1633 por haber quebrantado su prohibición. Galileo quedó bajo arresto domiciliario durante el resto de su vida, y murió en 1642. El Vaticano tardó cuatro siglos en ofrecer una disculpa formal, coincidiendo con el aniversario de la publicación de su polémico libro.

Aceptación gradual Las pruebas de que la visión heliocéntrica del sistema solar era correcta se fueron acumulando a lo largo de los siglos. La mecánica de las órbitas de Kepler también demostró ser correcta e, incluso, influyó en la teoría de la gravedad de Newton. Conforme se descubrieron más planetas, resultaba más obvio que orbitaban alrededor del Sol. La afirmación de que el hombre era el centro de todo el universo era insostenible.

La idea en síntesis: el Sol está en el centro

03 Leyes de Kepler

Johannes Kepler buscaba patrones en todas partes. Observando tablas astronómicas que describían los movimientos curvados de Marte en el cielo, descubrió las tres leyes que gobiernan las órbitas de los planetas. Además, estableció que las órbitas de los planetas son elípticas y que los planetas más lejanos orbitan más lentamente alrededor del Sol. Además de revolucionar la astronomía, las leyes de Kepler sentaron las bases para que Newton desarrollara su ley de la gravedad.

Cuando los planetas orbitan alrededor del Sol, los más cercanos se mueven más rápidamente que los que están más lejos. Mercurio rodea el Sol en tan solo 80 días terrestres. Si Júpiter viajara a la misma velocidad tardaría unos 3 años y medio terrestres en completar una órbita cuando, de hecho, tarda 12 años. Como todos los planetas se avanzan los unos a los otros, vistos desde la Tierra algunos parecen retroceder, mientras la Tierra los avanza. En la época de Kepler estos movimientos «retrógrados» eran un auténtico rompecabezas. Kepler lo resolvió y desarrolló tres leyes del movimiento planetario.

Patrones poliédricos Kepler era un matemático alemán que vivió entre el final del siglo XVI y el inicio del XVII, en una época en que la astrología se tomaba muy en serio, y la astronomía, como ciencia física, estaba todavía en pañales. Las ideas religiosas y espirituales eran tan importantes como la observación al intentar desentrañar las leyes de la naturaleza. Kepler, un místico que creía que la estructura subyacente del universo se había formado a partir de formas geométricas perfectas, dedicó su vida a intentar descubrir los patrones de polígonos perfectos imaginados en la naturaleza.

El trabajo de Kepler llegó casi un siglo después de que el polaco Nicolás Copérnico propusiera que el Sol está en el centro del universo y que la Tierra orbita en torno al Sol, y no al revés. Al principio, Kepler adoptó la idea heliocéntrica de Copérnico, creyendo que los planetas se movían alrededor del Sol en órbitas circulares. Planteó un sistema

Cronología

c. 580 a. C.	c. 150	1543
Pitágoras establece que los planetas orbitan en esferas cristalinas perfectas	Ptolomeo sugiere epiciclos para el movimiento retrógrado	Copérnico propone que el planeta orbita alrededor del Sol

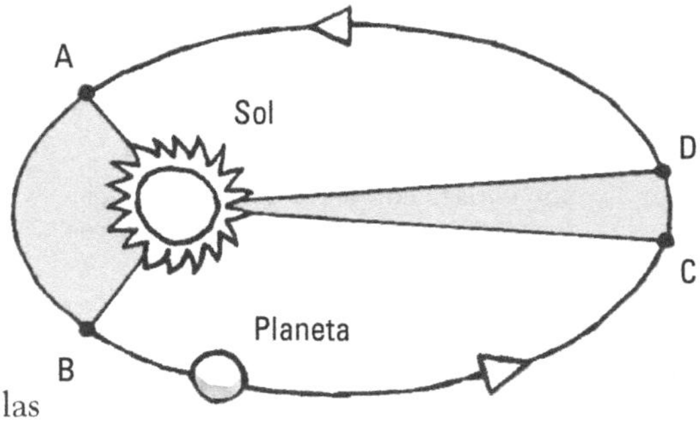

en el que las órbitas de los planetas discurrían en una serie de esferas de cristal, encajadas unas dentro de otras y espaciadas según proporciones matemáticas. Obtuvo esas proporciones a partir de los tamaños de una serie de poliedros con un número de caras ascendente que encajaban dentro de las esferas. La idea de que las leyes de la naturaleza seguían proporciones geométricas básicas procedía de la antigua Grecia.

Kepler necesitaba elaborar un modelo de órbitas de los planetas que apoyara sus ideas geométricas, y para ello usó los datos más precisos de que disponía: las intrincadas tablas de los movimientos de los planetas en el cielo, meticulosamente preparadas por Tycho Brahe. En esas columnas de números, descubrió Kepler patrones que lo obligaron a revisar sus ideas y a partir de los cuales sugirió tres leyes.

Kepler consiguió su gran logro al explicar los movimientos retrógrados de Marte. De vez en cuando, el planeta rojo invertía su camino en el cielo y realizaba un pequeña curva. Copérnico había explicado los bucles añadiendo a la órbita principal unas pequeñas desviaciones de «epiciclos» circulares superpuestos.

Sin embargo, Kepler descubrió que sus nuevas y precisas mediciones no encajaban con esas predicciones. Buscando otra explicación, tuvo la idea genial de que los bucles hacia atrás se explicarían si las órbitas de los planetas alrededor del Sol fueran elípticas y no circulares, como

«De repente, me asaltó la idea de que aquel pequeño guisante azul era la Tierra. Levanté el pulgar, cerré un ojo y mi pulgar ocultó el planeta Tierra. No me sentí como un gigante, sino más bien me sentí muy, muy pequeño.»

Neil Armstrong

1576	1609	1687	2009-2018
Tycho Brahe traza el mapa de las posiciones de los planetas	Kepler publica la teoría de las órbitas elípticas	Newton explica las leyes de Kepler mediante la gravedad	Misión Kepler de la NASA

Las leyes de Kepler

Primera ley: las órbitas planetarias son elipses con el Sol en uno de sus focos. Segunda ley: un planeta barre áreas iguales en tiempos iguales cuando orbita alrededor del Sol. Tercera ley: los periodos orbitales están relacionados con el tamaño de la elipse orbital, de manera que el periodo al cuadrado es directamente proporcional al cubo de la longitud del eje mayor.

se había pensado. Irónicamente, Kepler había descubierto que la naturaleza no seguía formas perfectas, como imaginaba en un principio; no obstante, fue lo suficientemente valiente como para aceptar la evidencia y cambiar de opinión.

Las órbitas La primera ley de Kepler afirma que los planetas se mueven en órbitas elípticas con el Sol en uno de los dos focos de la elipse. La segunda ley describe la velocidad a la que se mueve un planeta alrededor de su órbita. Conforme el planeta avanza por su camino, barre segmentos de áreas iguales en tiempos iguales. Los segmentos se miden usando el ángulo dibujado entre el Sol y las dos posiciones del planeta (AB o CD), como si fueran porciones de tarta. Debido a que las órbitas son elípticas, cuando el planeta está cerca del Sol, debe cubrir una distancia mayor para barrer la misma área que cuando está más lejos. Por tanto, el planeta se mueve más rápido cuando está cerca del Sol, que cuando está lejos. La segunda ley de Kepler relaciona la velocidad con la distancia del planeta al Sol. Aunque en aquel momento Kepler no lo dedujo, ese comportamiento se debe en última instancia a que la gravedad acelera más el planeta cuando se acerca más a la masa del Sol.

La tercera ley de Kepler da un paso más allá y nos dice que los periodos orbitales creceen para elipses de tamaño creciente. En concreto, establece que los cuadrados de los periodos orbitales son proporcionales a los cubos del eje más largo de la órbita elíptica. Por tanto, cuanto más larga sea la órbita elíptica, mayor es el periodo de tiempo destinado a completar la órbita. Por tanto, los planetas que están más allá del Sol orbitan más lentamente que los planetas cercanos. Marte tarda casi dos años terrestres en dar la vuelta al Sol, Saturno, 29 años y Neptuno, 165 años.

«Somos solo una raza de simios evolucionados en un planeta menor de una estrella muy normal. Pero podemos entender el universo. Y eso nos convierte en seres muy especiales.»

Stephen Hawking

«Medí los cielos, y ahora mido las sombras; mi mente estuvo unida al cielo, mi cuerpo descansa unido a la tierra.»

Epitafio de Kepler

Con estas tres leyes Kepler consiguió describir las órbitas de todos los planetas de nuestro sistema solar. Sus leyes se aplican también a cualquier cuerpo que orbita alrededor de otro, desde cometas, asteroides y lunas en nuestro sistema solar, a planetas alrededor de otras estrellas e, incluso, a satélites artificiales que pasan zumbando alrededor de la Tierra.

Cuatro siglos después de proponerlas, sus leyes siguen siendo un pilar fundamental de la física. Además, Kepler se adelantó a su tiempo ya que fue uno de los primeros en utilizar los métodos científicos que usamos hoy: realizar y analizar observaciones para probar una teoría.

Kepler consiguió unificar los principios en leyes geométricas, pero desconocía qué causaba estas leyes. Creía que surgían a partir de los patrones geométricos subyacentes de la naturaleza. Más adelante, Newton se ocupó de unificar estas leyes en una teoría universal de la gravedad.

JOHANNES KEPLER (1571-1630)

A Johannes Kepler le interesó la astronomía desde la infancia, y registró en su diario el paso de un cometa y un eclipse lunar antes incluso de cumplir diez años. Mientras daba clases en Graz, desarrolló una teoría de la cosmología que se publicó en el *Mysterium Cosmographicum* (*El sagrado misterio del cosmos*). Más tarde trabajó como ayudante del astrónomo Tycho Brahe en su observatorio fuera de Praga, heredando su posición como matemático imperial en 1601. Allí Kepler preparó horóscopos para el emperador y analizó las tablas astronómicas de Tycho, publicando sus teorías de las órbitas no circulares, y la primera y segunda ley de los movimientos planetarios, en *Astronomia Nova* (*Nueva Astronomía*). En 1620, la madre de Kepler, una curandera, acabó en la cárcel por una acusación de brujería y Kepler solo consiguió liberarla tras un enorme esfuerzo legal. No obstante, pudo proseguir su trabajo y la tercera ley del movimiento planetario se publicó en *Harmonices Mundi* (*Armonía de los Mundos*).

La idea en síntesis: la ley de los mundos

04 La ley de la gravitación de Newton

Isaac Newton dio un paso de gigante cuando relacionó los movimientos de un proyectil con los movimientos de los planetas, vinculando así el cielo y la Tierra. Su ley de la gravitación sigue siendo una de las ideas más importantes de la física, ya que permite explicar el movimiento tanto en nuestro mundo como en el universo entero. Newton argumentó que todos los cuerpos se atraen unos a otros a través de la fuerza de la gravedad, y que la magnitud de esa fuerza es inversamente proporcional al cuadrado de la distancia.

Se dice que a Newton se le ocurrió la idea de la gravedad cuando vio caer una manzana de un árbol. No sabemos si esta historia es cierta, pero si lo es que Newton tuvo que desplegar toda su imaginación para explicar los movimientos terrestres y celestes, y para enunciar su ley de la gravitación. Intuyó que una fuerza que se relacionaba con la aceleración atraía los objetos hacia el suelo. Y no dejaba de plantearse preguntas como: ¿cómo influye la altura del árbol en la caída de las manzanas? ¿Y si el árbol llegara a alcanzar la Luna? O también ¿por qué la Luna no se desploma sobre la Tierra como una manzana?

Todo se cae Newton respondió a estas preguntas mediante sus leyes del movimiento, en las que se unían fuerza, masa y aceleración. Un proyectil que sale despedido de un cañón viaja una determinada distancia antes de volver a caer sobre el suelo. Si lo dispararan con más velocidad, el proyectil avanzaría más rápido. Pero, ¿dónde acabaría cayendo si lo dispararan tan rápido que viajara lo suficientemente lejos en línea recta para que la Tierra llegara a curvarse bajo él? Newton se dio cuenta de que el proyectil sería atraído hacia la Tierra pero

Cronología

350 a. C.
Aristóteles reflexiona sobre por qué se caen los objetos

1609
Kepler establece las leyes de las órbitas planetarias

ISAAC NEWTON (1643-1727)

Isaac Newton fue el primer científico que tuvo el honor de ser nombrado caballero de Gran Bretaña. A pesar de ser «holgazán» y «distraído» en la escuela, y un estudiante del montón en la Universidad de Cambridge, floreció de repente cuando la peste obligó a cerrar la universidad en verano de 1665. Cuando volvió a su hogar en Lincolnshire, se dedicó a estudiar matemáticas, física y astronomía, e incluso estableció los fundamentos del cálculo. Ahí elaboró las primeras versiones de sus tres leyes del movimiento y dedujo la ley del inverso del cuadrado. Tras semejante inicio prometedor, Newton fue elegido para ocupar la cátedra Lucasiana de Matemáticas en 1669 con tan solo 27 años. Más tarde, cuando centró su interés en la óptica, descubrió con un prisma que la luz blanca esta formada por un arcoíris de colores, tema sobre el que mantuvo un famoso debate con Robert Hooke y Christiaan Huygens. Newton escribió dos obras fundamentales, *Philosophiae naturalis principia mathematica*, o *Principia*, y *Opticks*. Más adelante, se involucró en política. Defendió la libertad académica cuando el rey Jacobo II intentó interferir en cargos de la universidad y consiguió formar parte del Parlamento en 1689. Era un personaje contradictorio, ya que por una parte deseaba atraer la atención, y por la otra se retraía en sí mismo y procuraba evitar las críticas. Newton usó su posición de poder para luchar contra sus rivales científicos y siguió siendo una figura polémica hasta su muerte.

siguiendo una órbita circular, del mismo modo que un satélite permanece a altura constante sin llegar a alcanzar el suelo.

Cuando los lanzadores de martillo olímpicos empiezan a girar acelerando sobre sus tobillos, lo que mantiene el martillo girando es la fuerza que ejerce el lanzador al tirar de la cuerda. Sin esa fuerza, el martillo simplemente saldría volando en línea recta, como ocurre cuando lo sueltan. Lo mismo sucede en el caso del proyectil de Newton: sin la fuerza centrípeta que lo une a la Tierra, saldría volando al espacio. Yendo incluso más allá, Newton afirmó que la Luna también permanece colgada en el cielo porque el vínculo invisible de la gravedad la mantiene ahí. Sin gravedad, podría desplazarse libremente por el espacio.

«La gravedad es una costumbre difícil de abandonar.»

Terry Pratchett

Ley del inverso del cuadrado Newton intentó, entonces, cuantificar sus predicciones. Después de intercambiar cartas con su contemporáneo Ro-

1687
Se publican los *Principia* de Newton

1905
Einstein publica la teoría especial de la relatividad

1915
Einstein publica la teoría general de la relatividad

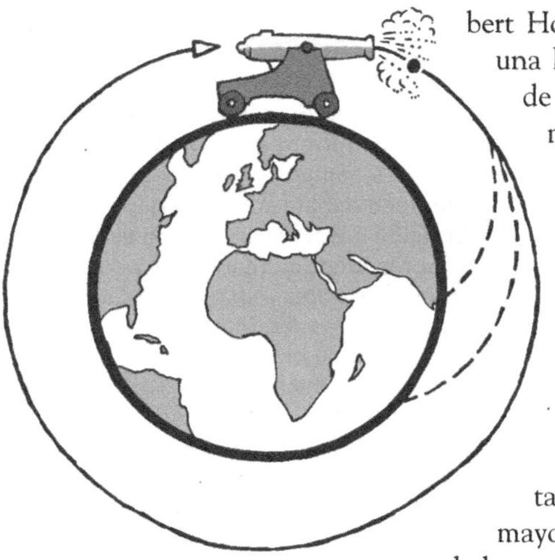

bert Hooke, demostró que la gravedad sigue una ley del inverso del cuadrado: la fuerza de la gravedad disminuye proporcionalmente al inverso del cuadrado de la distancia del cuadrado a un cuerpo. Es decir, si la distancia a un cuerpo es dos veces mayor, su gravedad es cuatro veces menor. Por tanto, la fuerza de gravedad que ejerce el Sol sobre un planeta cuya órbita estuviera al doble de distancia de él de lo que está la Tierra sería cuatro veces menor, e, igualmente, un planeta separado por una distancia tres veces mayor, experimentaría una fuerza de gravedad nueve veces menor. La ley del inverso del cuadrado de Newton de la gravedad explicaba en una sola ecuación las órbitas de todos los planetas, tal y como estaban descritas en las tres leyes de Johannes Kepler (véase la p. 18). La ley de Newton predecía que los planetas viajaban más rápido cerca del Sol al seguir sus trayectorias elípticas. El Sol ejerce una mayor fuerza gravitacional sobre un planeta cuando viaja cerca de él, lo que hace aumentar su velocidad. Conforme aumenta la velocidad del planeta, vuelve a alejarse del Sol, y su velocidad empieza a disminuir gradualmente. Así Newton recogió en una teoría de alcance general todo el trabajo anterior.

Ley universal Generalizando con audacia, Newton propuso que la teoría de la gravedad podía aplicarse a todo el universo. Todo cuerpo ejerce una fuerza gravitacional proporcional a su masa, y esa fuerza gravitacional es inversamente proporcional al cuadrado de la distancia. Por tanto dos cuerpos cualesquiera se atraen mutuamente, pero como la fuerza de la gravedad es débil solo podemos observar realmente este fenómeno en los cuerpos con una masa muy grande, como el Sol, la Tierra y los planetas.

No obstante, si se observa minuciosamente, se pueden ver pequeñas variaciones en la fuerza local de gravedad en la superficie de la Tierra. Dado que las montañas grandes y las rocas de diferente densidad pueden aumentar o reducir la fuerza de la gravedad en la zona cercana a ellas, es posible usar sensores de gravedad para realizar el mapa de terrenos geográficos y saber más sobre la estructura de la corteza terrestre. Los arqueólogos usan también los pequeños cambios de gravedad para localizar yaci-

Aceleración

En la superficie de la Tierra la aceleración de un cuerpo que cae bajo la acción de la gravedad, g, es de 9,81 metros cada segundo.

«Todo objeto del universo atrae a cualquier otro objeto a lo largo de una línea recta que une los centros de dichos objetos; esa fuerza es proporcional a la masa de cada objeto, e inversamente proporcional al cuadrado de la distancia entre ellos.»

Isaac Newton

mientos enterrados. Los científicos han usado satélites espaciales medidores de gravedad para registrar el descenso de la cantidad de hielo que cubre los polos terrestres y también para detectar cambios en la corteza terrestre después de grandes terremotos.

En el siglo XVII, Newton vertió todas sus ideas sobre la gravitación en un libro, *Philosophiae naturalis principia mathematica*, conocido como los *Principia*. Publicado en 1687, sigue considerándose un hito de la ciencia. La ley universal de la gravedad de Newton explicó los movimientos no solo de los planetas y las lunas sino también de proyectiles, péndulos y manzanas. Explicó las órbitas de los cometas, la formación de mareas y el movimiento del eje de la Tierra. Esta obra consolidó su fama como uno de los mayores científicos de todos los tiempos.

Relatividad La ley de la gravitación universal de Newton ha seguido siendo válida durante cientos de años, y aún hoy proporciona una descripción básica del movimiento de los cuerpos. Sin embargo, la ciencia no se estanca ni se detiene, y los científicos del siglo XX, y Einstein en concreto con su teoría de la relatividad general, han seguido avanzando a partir de la base establecida por Newton. La gravedad newtoniana sigue funcionando bien para describir el comportamiento de la mayoría de los objetos que vemos y de los planetas, cometas y asteroides del sistema solar que están a grandes distancias del Sol, donde la gravedad es relativamente débil. Aunque la ley de la gravitación de Newton era lo suficientemente poderosa para predecir la posición del planeta Neptuno, descubierto en 1846 en la ubicación esperada más allá de Urano, la órbita de otro planeta, Mercurio, exigió una física más avanzada que la de Newton. Así, se necesita la relatividad general para explicar situaciones en las que la gravedad es muy fuerte, como ocurre cerca del Sol, de las estrellas y de los agujeros negros.

La idea en síntesis: atracción de la masa

05 La teoría de la óptica de Newton

Los astrónomos han revelado muchos de los secretos del universo usando la física de la luz. Isaac Newton fue uno de los primeros en intentar comprender su naturaleza. Al hacer pasar luz blanca a través de un prisma de cristal, descubrió que se dividía en un arcoíris con lo que demostró que los colores estaban contenidos en la luz blanca, y que no los causaba el prisma. Hoy en día sabemos que la luz visible es un segmento de un espectro de ondas electromagnéticas, que incluye desde las ondas de radio a los rayos gamma.

Si hacemos pasar un haz de luz blanca a través de un prisma, el rayo se divide en un arcoíris de colores. El arcoíris del cielo aparece del mismo modo: la luz del Sol se descompone por las gotas de agua en el espectro de tonos que tan familiar nos resulta: rojo, naranja, amarillo, verde, azul, añil y violeta.

Experimentando con haces de luz y prismas en sus habitaciones, en la década de los años sesenta del siglo XVII, Isaac Newton demostró que la luz de diversos colores se unía para crear una luz blanca. Los colores eran las unidades de base en lugar de estar formados mediante una mezcla posterior o por el prisma de cristal en sí mismo, como se había considerado hasta entoces. Newton separó los haces de luz roja y azul y demostró que los colores primarios no se separaban más por mucho que los hiciéramos pasar por otros prismas consecutivos.

«La luz nos trae noticias del universo.»

Sir William Bragg

Ondas de luz Gracias a posteriores experimentos, llegó a la conclusión de que la luz se comporta en muchas ocasiones como ondas de agua. La luz se dobla alrededor de los obstáculos, de manera similar a como lo hacen las olas del mar en rompeolas. Los haces de luz también podían sumarse para reforzar o anular su brillo, igual como en las olas de agua que se superponen.

Cronología

1672 Newton explica el arcoíris

1678 Christiaan Huygens publica una teoría ondulatoria de la luz

Del mismo modo que las ondas de agua son movimientos a gran escala de moléculas invisibles de agua, Newton creía que las ondas de luz eran en última instancia ondas de minúsculas partículas de luz, o «corpúsculos», más pequeños incluso que los átomos. Lo que Newton desconocía, pues no se descubrió hasta siglos después, es que las ondas de luz son ondas electromagnéticas (ondas de campos magnético y eléctrico emparejadas), y no la reverberación de partículas sólidas. Cuando se descubrió el comportamiento ondulatorio electromagnético de la luz, la idea corpuscular de Newton se dejó a un lado. Sin embargo, se recuperó, aunque revisada, cuando Albert Einstein demostró que la luz también puede comportarse en ocasiones como una corriente de partículas que transportan energía pero que carecen de masa.

A lo ancho del espectro

Los diferentes colores de la luz reflejan las diversas longitudes de onda de las ondas electromagnéticas. La longitud de onda es la distancia que separa las crestas consecutivas de una onda. Cuando pasa a través de un prisma, la luz blanca se descompone en mucho tonos (o colores) porque cada tono es desviado en un grado diferente por el cristal. El prisma curva las ondas en un ángulo que depende de la longitud de onda de la luz, siendo roja la que menos se desvía, y la azul la que más, y produce la secuencia de colores del arcoíris. El espectro de luz visible aparece siguiendo el orden de la longitud de onda: empieza por la luz roja, que tiene la mayor longitud, pasa por la verde, y acaba con la azul, que tiene la longitud de onda más corta.

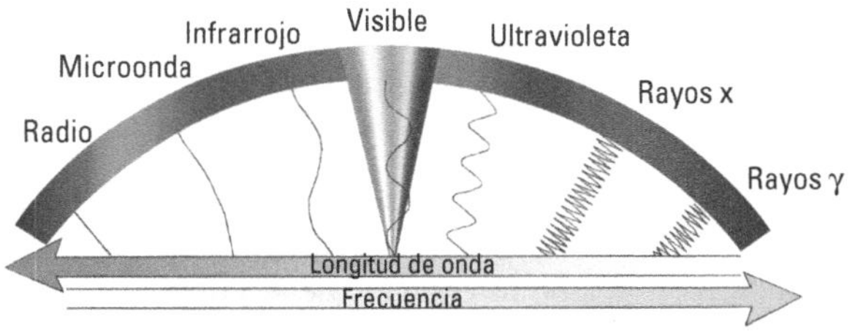

¿Qué se esconde tras el arcoíris? La luz visible es solo una parte del espectro electromagnético. Es importante para nosotros porque nuestros ojos han evolucionado para usar esta parte sensible de la secuencia. Como las longitudes de onda de la luz visible están más o menos en la misma escala que los átomos y las moléculas (centésimas de milmillonésimas partes de un metro), hay muchas interacciones entre la luz y los átomos en un material. Nuestros ojos han evolucionado para usar la luz visible porque es muy sensible a la estructura atómica.

1839 Alexandre Becquerel observa el efecto fotoeléctrico

1873 Las ecuaciones de James Clerk Maxwell demuestran que la luz es una onda electromagnética

1895 Wilhelm Roentgen descubre los rayos X

1905 Einstein demuestra que la luz puede comportarse como partículas en algunas circunstancias

Newton estaba fascinado por el funcionamiento del ojo; llegó incluso a clavar una aguja de coser en la parte posterior de su ojo para comprobar cómo afectaba la presión a su percepción del color.

Más allá del rojo, la luz se vuelve infrarroja, y tiene longitudes de onda de la millonésima parte de un metro. Los rayos infrarrojos transportan el calor del Sol y las gafas de visión nocturna también pueden captarlos para «ver» el calor de los cuerpos. Más allá todavía, encontramos las microondas, con longitudes de onda de milímetros o centímetros, y ondas de radio de metros y aún mayores. Los hornos microondas usan los rayos microondas electromagnéticos para hacer girar las moléculas de agua de la comida, y calentarlas. En el otro extremo del espectro, más allá del azul, está la luz ultravioleta. La emite el Sol y puede dañar la piel, aunque la capa de ozono de la Tierra detiene la mayor parte de ella. Los rayos X, que se usan en hospitales y que atraviesan los tejidos humanos, tienen longitudes de ondas todavía más cortas y los rayos gamma longitudes de onda todavía menores. Los astrónomos estudian ahora el universo en todas estas longitudes de onda.

Los fotones No obstante, la luz no siempre se comporta como una onda, de manera que Newton tenía razón en parte. Los rayos de luz transportan energía que se entrega en pequeños paquetes, llamados fotones, que no tienen masa y viajan a la velocidad de la luz. Albert Einstein realizó este descubrimiento, ya que vio que la luz azul y la ultravioleta producían corriente eléctrica en un metal conectado: el efecto fotoeléctrico.

Tales corrientes se generan cuando los metales están iluminados por luz azul o ultravioleta, pero no roja. Ni siquiera un haz de luz roja bri-

Ondas de materia

En 1924, Louis-Victor de Broglie sugirió la controvertida idea de que las partículas de la materia podían comportarse también como ondas. Propuso que todos los cuerpos tienen una longitud de onda asociada, lo que implicaba que la dualidad onda-partícula era universal. Tres años después, la idea de la dualidad onda-partícula se confirmó al comprobar que los electrones se difractaban e interferían igual que la luz. Ahora los físicos han visto que también las partículas mayores se comportan como ondas, así ocurre con los neutrones, los protones y, como también se ha demostrado, con unas moléculas de carbono microscópicas que parecen pelotas de fútbol y se llaman fullerenos. Objetos más grandes, como cojinetes de bolas y chapas, tienen longitudes de onda minúsculas, demasiado pequeñas para ser observadas, así que no podemos comprobar que se comporten como ondas. Una pelota de tenis que atraviesa una pista volando tiene una longitud de onda de 10^{-34} metros, mucho más pequeña que el diámetro de un protón (10^{-15} m).

«La Naturaleza y sus leyes yacían ocultas en la oscuridad. Dios dijo entonces: "¡Sea Newton!", y todo fue claridad.»

Alexander Pope (epitafio de Newton)

llante consigue provocar una corriente. La carga fluye solo cuando la frecuencia de la luz sobrepasa un umbral que depende del metal.

Dicho umbral indica que hay que acumular cierta cantidad de energía antes de poder arrancar las cargas.

En 1905, Einstein dio con una explicación radical. Fue esta obra, más que la relatividad, la que lo hizo merecedor del Premio Nobel en 1921. Sugirió que, en lugar de bañar el metal con ondas de luz continuas, los fotones individuales golpeaban los electrones del metal y los ponían en movimiento, produciendo así el efecto fotoeléctrico. Como cada fotón tiene una cierta cantidad de energía determinada por su propia frecuencia de onda, la energía del electrón golpeado también está relacionada con la frecuencia de la luz.

Un fotón de luz roja (con una frecuencia baja) no tiene suficiente energía para desplazar a un electrón, pero un fotón azul (una luz con una frecuencia más alta) tiene más energía y puede ponerlo en movimiento. Un fotón ultravioleta tiene aún más energía, de manera que al golpear un electrón puede darle incluso más velocidad. Aumentar el brillo de la luz no modifica nada: no importa que haya más fotones rojos si ninguno de ellos es capaz de alterar los electrones. La idea de Einstein de luz cuántica no fue muy popular al principio, pero eso cambió cuando se comprobó mediante diversos experimentos que su estrambótica teoría era cierta.

Dualidad onda-partícula La propuesta de Einstein planteó la idea incómoda de que la luz era onda y partícula a la vez, es decir, lo que se conoce como dualidad onda-partícula. Los físicos siguen batallando con esta tensión. En la actualidad, se acepta que la luz parece saber si debe comportarse como una u otra según las circunstancias. Es decir, si planteamos un experimento para medir sus propiedades ondulatorias, como cuando la haces pasar a través de un prisma, se comporta como una onda. Si en lugar de eso, intentamos medir sus propiedades corpusculares, es igual de solícita y se comporta como partícula. Ambas cosas son ciertas.

La idea en síntesis: más allá del arcoíris

06 El telescopio

La astronomía moderna se inició con la invención del telescopio en el siglo XVII. Abrió el sistema solar a la observación, revelando los anillos de Saturno y conduciendo al descubrimiento de nuevos planetas exteriores. Las observaciones con telescopio resultaron cruciales para confirmar que la Tierra orbita alrededor del Sol. Y, en última instancia, fueron la puerta de acceso a todo el universo visible.

Es célebre que Galileo fue uno de los primeros astrónomos que observó el cielo a través de un telescopio, y que su visión aumentada le permitió en 1609 descubrir cuatro de las lunas de Júpiter, las fases de Venus y los cráteres de la Luna. Y, no obstante, hay que recordar que solo seguía la moda de su tiempo.

No hay nadie a quien se pueda adjudicar la invención del telescopio. El holandés Hans Lipperhey fue uno de los primeros que intentó patentar el diseño del telescopio en 1608, pero no lo consiguió porque su uso estaba muy extendido. El poder de aumento del material transparente con superficies curvadas estaba ampliamente reconocido; y las «lentes» con forma de lentejas se habían usado en lupas y gafas al menos desde el siglo XIII. Los archivos demuestran que los telescopios se habían construido y usado para observar la Luna a mediados del siglo XVI, pero el ritmo de las mejoras en la fabricación de cristales hace suponer que la calidad de los instrumentos no se generalizó hasta el siglo XVII. Las buenas lentes produjeron entonces imágenes nítidas, incluso de cuerpos celestes apenas visibles.

Capacidad de aumento ¿Cómo funciona un telescopio? En su versión más simple, se usan dos lentes encajadas en ambos extremos de un tubo. La primera lente estrecha los rayos de luz de manera que el ojo percibe que provienen de una fuente mayor.

La segunda lente actúa como un ocular, vuelve a poner los rayos de luz en paralelo antes de que entren en el ojo para que se vean enfocados.

Cronología

1609 Galileo usó un telescopio para sus observaciones astronómicas

1668 Newton construye un telescopio de reflexión

La curvatura de los rayos por la lente se llama refracción. La luz viaja más lentamente en materiales más densos, como el cristal, que en el aire. Esto explica el espejismo de un charco en una carretera caliente. Los rayos del cielo se curvan para apenas rozar la superficie de la carretera porque la luz cambia de velocidad en la capa de aire caliente que está justo encima del asfalto caldeado por el Sol. El aire caliente es menos denso que el aire frío, de manera que la luz se desvía de la vertical y podemos ver el reflejo del cielo en el asfalto, que parece un charco húmedo.

«Vemos el pasado en un telescopio y el presente en un microscopio. De ahí las aparentes enormidades del presente.»

Victor Hugo

El ángulo en que un rayo se quiebra está relacionado con las velocidades relativas a las que viaja en los dos materiales: técnicamente, el cociente de las velocidades en ambos medios da el cociente del seno de los ángulos incidentes y el ángulo de refracción, medidos desde la vertical a la superficie. Así que cuando un rayo pasa del aire al vidrio, o a otras sustancias densas, se dobla hacia dentro y su trayectoria se aproxima a la normal.

Índice de refracción La luz viaja a una velocidad frenética de 300 millones de metros por segundo en el espacio vacío. El cociente de su velocidad en el vacío dividida por la velocidad en un material más denso, como el vidrio, se denomina índice de refracción del material. Por definición, el vacío tiene un índice de refracción de 1, por tanto, en un material con un índice de refracción de 2, la velocidad de la luz sería la mitad de la que tiene en el espacio libre.

Un índice de refracción elevado significa que la luz se desvía mucho cuando pasa a través de la sustancia.

El índice de refracción es una propiedad del material correspondiente, de manera que los índices de refracción específicos de algunos materiales pueden ser útiles, por ejemplo, para diseñar telescopios o lentes para gafas para que corrijan problemas de la visión. La potencia de las lentes y de los prismas depende de su índice de refracción; así, las lentes de potencia elevada tienen altos índices de refracción.

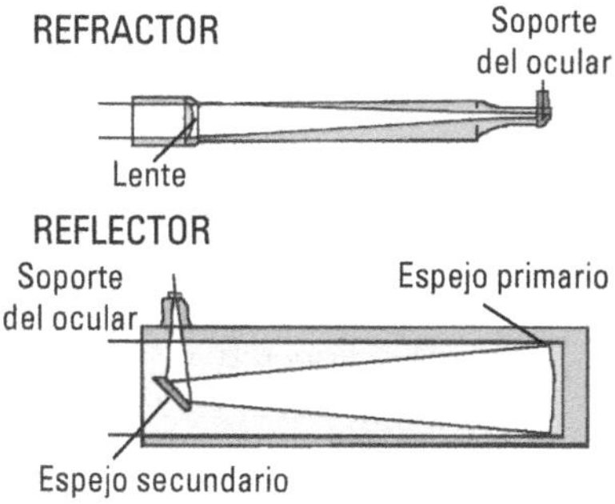

1937
Se construye el primer radiotelescopio

1990
Lanzamiento del telescopio espacial Hubble

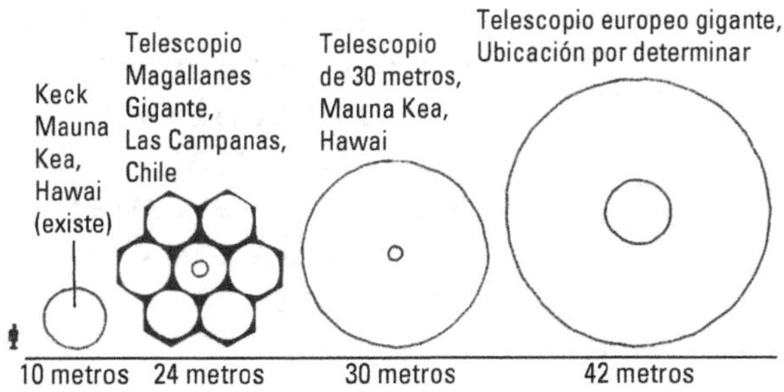

No obstante, los telescopios de refracción con dos lentes tienen inconvenientes, pues la imagen final aparece al revés, porque los rayos de luz se cruzan antes de alcanzar el ocular.

Para la astronomía esto no suele ser un problema, ya que una estrella no cambia demasiado vista al revés. El defecto puede corregirse incluyendo una tercera lente para invertir la imagen de nuevo, pero entonces el telescopio resulta más aparatoso y difícil de manejar. En segundo lugar, y esto puede ser más problemático, los telescopios de refracción producen imágenes con colores borrosos. Como las diferentes longitudes de onda de la luz se refractan de manera diferente (las ondas de la luz azul se curvan más que las de la luz roja), los colores se separan y la imagen pierde claridad. Nuevos tipos de lentes de los que disponemos hoy en día pueden minimizar este problema, pero su capacidad para hacerlo es limitado.

Telescopio de reflexión Para solucionar estos problemas, Newton inventó el telescopio de reflexión. Utilizando un espejo curvo en lugar de una lente para doblar la luz, consiguió reducir su longitud a la mitad y facilitar su manejo.

Su diseño también evitaba la visión borrosa diferencial porque el espejo de su superficie refleja todos los colores del mismo modo. No obstante, las técnicas de plateado de espejos no estaba muy avanzadas en la época de Newton, y se tardó siglos en perfeccionar el diseño.

En la actualidad, la mayoría de telescopios astronómicos profesionales usan un espejo gigante en lugar de una lente para captar la luz celeste y rebotarla, por último, al ocular. El tamaño del espejo dicta cuánta luz puede captarse —una gran área permite observar objetos muy difíciles de ver—. Los espejos de los telescopios ópticos modernos pueden tener el tamaño de una habitación: los más grandes que están operativos en la actualidad son los dos telescopios gemelos gigantes Keck, en Mauna Kea, Hawai, y tienen un diámetro de 10 metros. En las próximas décadas, hay planes para proyectar otros más grandes, con un diámetro que alcance los 100 metros.

Es difícil construir espejos muy grandes, pues son tan pesados que su forma se distorsiona cuando el telescopio se inclina para barrer el cielo. Por tanto, hay que desarrollar nuevos métodos de construcción, más inteligentes, que permitan hacer espejos tan ligeros como sea posible. A veces, los espejos se construyen en muchos segmentos; otros se giran cuidadosamente para que sean finos y estén esculpidos con precisión. Una solución alternativa, llamada «óptica adaptativa», corrige constantemente la forma del espejo usando una red de pequeños pistones pegados en la parte inferior, que empujan hacia arriba la superficie cuando se hunde.

«Donde hay un observatorio y un telescopio, esperamos que cualquier par de ojos vea nuevos mundos enseguida.»

Henry David Thoreau

Estrellas titilantes Al margen de los propios telescopios, la nitidez de las imágenes astronómicas se degrada por la turbulencia de la atmósfera. La presencia de masas de aire que se agitan delante de ellas hace que las estrellas titilen; concretamente, las que están cerca del horizonte lo hacen más que las que están en lo alto del cielo. El tamaño de los componentes ópticos del telescopio también da un límite absoluto a la concentración de luz de las estrellas debido a otro aspecto del comportamiento de la luz: la difracción, es decir, la curvatura de los rayos de luz alrededor del borde de una lente, apertura o espejo.

Para conseguir imágenes claras, los astrónomos eligen ubicaciones especiales para sus telescopios. En la Tierra, los construyen en sitios altos donde el aire sea tenue, como en las montañas, y donde flujo de aire sea suave, como cerca de la costa. El espacio exterior también es una ubicación privilegiada debido a la ausencia de atmósfera. De hecho, las imágenes más lejanas que tenemos del universo las captó el Telescopio espacial Hubble, que está en órbita.

Los telescopios pueden operar a longitudes de onda que no pertenecen al abanico visible. La luz infrarroja, el calor, puede detectarse con instrumentos que son como las gafas de visión nocturna montadas en telescopios, siempre y cuando el instrumental se mantenga frío.

Como las longitudes de onda de los rayos X son muy cortas, es más sencillo observarlos desde el espacio, con satélites equipados con ópticas reflectoras. Incluso las ondas de radio pueden distinguirse mediante una sola gran antena, como la de Arecibo, que apareció en películas de James Bond, o en observatorios equipados con muchas antenas pequeñas, como el observatorio astronómico Very Large Array de Nuevo México, que salía en la película *Contact*. No obstante, quizás podría decirse que el telescopio supremo es la propia Tierra, puesto que todos los días la recorren partículas fundamentales, que los físicos se afanan por capturar en sus trampas.

La idea en síntesis: aumento de la curvatura de la luz

07 Las líneas de Fraunhofer

En el espectro de la luz de las estrellas hay una huella dactilar química. Líneas oscuras o brillantes señalan longitudes de onda específicas que son absorbidas o emitidas por los gases abrasadores de la atmósfera de la estrella. Observados por primera vez en la luz del Sol, estos marcadores atómicos son una herramienta vital para el trabajo detectivesco astronómico. Han revelado la composición química de estrellas y galaxias, los movimientos de los cuerpos celestes y la expansión del universo.

Si haces pasar la luz del Sol a través de un prisma, en el espectro del arcoíris resultante aparece una serie de líneas oscuras, parecidas a un código de barras. Corresponden a longitudes de onda particulares que no aparecen porque son absorbidas por los gases de la atmósfera del Sol. Cada línea se corresponde a un elemento químico particular que se encuentra en varios estados y diversas energías, es decir, desde átomos neutros a iones excitados. Por tanto, el análisis espectral de estas líneas podía servir para averiguar la química del Sol.

Aunque su descubridor fue el astrónomo inglés William Hyde Wollaston, en 1802, fue Joseph von Fraunhofer, un fabricante de lentes alemán, quien las examinó por primera vez detalladamente en 1814, y quien les dio su nombre. Consiguió distinguir más de 500 líneas, y ahora, con los equipos modernos, podemos distinguir miles de ellas.

Una química única En la década de los años cincuenta del siglo XIX, los químicos alemanes Gustav Kirchhoff y Robert Bunsen descubrieron en su laboratorio que cada elemento origina una escala única de líneas de absorción. Aunque el hidrógeno es el elemento más abundante del Sol, el espectro solar también muestra la absorción de muchos otros, incluido el helio, el carbono, el oxígeno, el sodio, el calcio y el hierro. Cada uno tiene su propio código de barras de líneas de absorción.

Cronología

1802
Wollaston ve líneas oscuras en el espectro del Sol

1814
Fraunhofer mide centenares de esas líneas

Asimismo, la luz de las demás estrellas también cuenta con su propia huella química.

El estudio de la química espectral, conocida como espectroscopia, es una técnica astronómica especialmente importante porque revela el material de que están formadas las estrellas y también las nebulosas, las atmósferas planetarias y las galaxias lejanas. Evidentemente, los astrónomos no pueden llevar las estrellas y las galaxias a su laboratorio, ni viajar hasta ellas, de ahí que recurran a observaciones a distancia y a técnicas ingeniosas.

«Son las estrellas, las estrellas que están sobre nosotros, quienes gobiernan nuestras acciones.»

William Shakespeare

Cuando estas líneas son brillantes en lugar de oscuras se denominan líneas de emisión. Se producen cuando alguna fuente muy brillante, como las estrellas más calientes y los cuásares luminosos, tiene tanta energía que intenta enfriar sus gases desprendiendo fotones, en lugar de absorberlos, a longitudes de ondas características.

Las luces fluorescentes también emiten una serie de líneas brillantes que corresponden a las longitudes de átomos de los gases excitados dentro del tubo, como por ejemplo el neón.

Redes de difracción Para dividir la luz en sus longitudes de onda constituyentes, se usan a menudo instrumentos conocidos como redes de difracción. En lugar de un prisma, que resulta más difícil de manejar y que es muy limitado para curvar la luz según su índice de refracción, se introduce en el camino del haz de luz una lámina en que se han recortado una serie de rendijas muy estrechas, y se hace

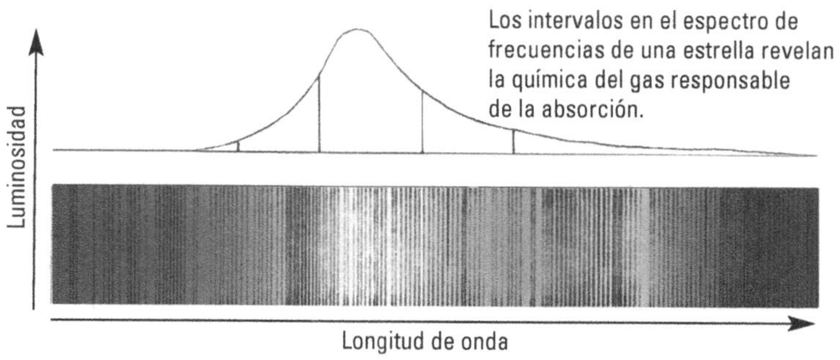

1842
Doppler explica el desplazamiento de las líneas espectrales

1859
Kirchhoff y Bunsen descubren el espectroscopio en el laboratorio

1912
Vesto Slipher descubre que las galaxias están desplazadas hacia el rojo

pasar el haz de luz por ellas. Fraunhofer construyó la primera red de difracción usando alambres finos paralelos.

Las redes de difracción funcionan gracias a las propiedades ondulatorias de la luz. Cuando la luz pasa por cada rendija de la red, se dispersa por la difracción, y el grado de dispersión es proporcional a la longitud de onda de la luz, e inversamente proporcional a la amplitud de la rendija. Es decir, una rendija muy estrecha provoca una mayor dispersión de la luz; y la luz roja se difracta más que la luz azul.

Las rendijas múltiples combinan todavía más la luz usando otra propiedad, la interferencia, según la cual los picos y valles de las ondas de luz pueden sumarse o anularse los unos a los otros creando un patrón de franjas iluminadas y oscuras. En cada una de esas filas, la luz se divide todavía más, de nuevo en proporción con su longitud de onda, pero en esta ocasión lo hace de manera inversamente proporcional a la distancia entre las rendijas. Controlando el número de divisiones, su separación y anchura, los astrónomos pueden controlar el grado de dispersión de la luz, y la precisión con que pueden investigar la líneas de absorción y de emisión. Las redes de difracción son por tanto mucho más útiles y versátiles que los prismas.

Se puede hacer una red simple recortando unas rendijas en una diapositiva. Poniendo una de esas redes caseras delante de una luz de neón, se puede observar cómo el código de barras de las longitudes de onda del gas caliente se dispersa ante nuestros ojos.

Diagnósticos Las líneas espectrales son algo más que indicadores químicos. Como cada línea corresponde a un estado atómico particular, sus longitudes de onda pueden averiguarse en experimentos de la-

JOSEPH VON FRAUNHOFER (1787-1826)

Nacido en Bavaria en 1787, Joseph von Fraunhofer pasó de una extracción social humilde a convertirse en un fabricante de vidrios ópticos de talla mundial. Después de quedarse huérfano a los 11 años, se convirtió en aprendiz de fabricante de vidrios. Cuando el taller en el que trabajaba como aprendiz cerró en 1801, fue rescatado por un príncipe bávaro, que vio que estaba dotado para estudiar. Después de aprender su especialidad en un importante monasterio desacralizado, Fraunhofer se convirtió en un fabricante de vidrio y de instrumentos ópticos de fama mundial. Su carrera científica era ilustre; se convirtió en noble y un ciudadano honorario de Munich y llegó a ser el director del Instituto Óptico. No obstante, como muchos fabricantes de vidrio de su época, murió joven, a los 39 años, envenenado por los vapores de los metales pesados con los que trabajaba.

«Por qué llegue aquí, no lo sé; dónde iré, es inútil preguntarlo; en medio de la miríada infinita de mundos vivos y muertos, de estrellas y sistemas, ¿por qué debería preocuparme por un átomo?»

Lord Byron

boratorio. La energía característica de cada línea se origina en la estructura del átomo. Aunque en realidad son mucho más complicados y efímeros, podemos imaginar los átomos parecidos a nuestro sistema solar. El núcleo, compuesto de protones y neutrones pesados, es como el Sol; los electrones son como los planetas. Las líneas de absorción y emisión se producen cuando los planetas pasan de una órbita a otra, y entonces, la energía, en forma de fotones, se absorbe o se emite. Se produce una absorción cuando un fotón con la energía correcta golpea a un electrón y lo manda a una órbita más alta; la emisión, por el contrario, tiene lugar cuando un electrón cae a una órbita más baja y proporciona energía a un fotón. Las energías requeridas para saltar entre órbitas están definidas con precisión y dependen del tipo y del estado del átomo. En gases muy calientes, los electrones exteriores pueden salir despedidos. En ese caso, diremos que los átomos están ionizados.

Como surgieron en el ámbito de la física fundamental, las líneas espectrales son sensibles a muchos aspectos de la física del gas. Su temperatura puede deducirse a partir de la anchura de las líneas, puesto que un gas más caliente produce líneas más anchas.

Las proporciones de las intensidades de las líneas espectrales proporcionan más información, como el grado de ionización del gas.

Las líneas espectrales permiten también medir los movimientos de los cuerpos celestes. Dado que la longitud de onda de una línea particular se conoce con precisión, cualquier ligero cambio en esa línea puede indicar un movimiento de la fuente. Si toda la estrella se aleja de nosotros, su espectro se desplaza hacia el rojo debido al efecto Doppler (véanse las pp. 36-39); en cambio, si se mueve hacia nosotros, se desplaza hacia el azul. El grado del cambio puede medirse estudiando las líneas espectrales. A una escala mayor, esos desplazamientos hacia el rojo han revelado incluso que el universo está expandiéndose.

La idea en síntesis: estrellas con códigos de barras

08 El efecto Doppler

Todos hemos notado que la sirena de una ambulancia se hace más aguda cuando pasa volando a nuestro lado. Este fenómeno se debe a que las ondas que provienen de una fuente que se mueve hacia nosotros se amontonan y parecen tener una frecuencia más alta. Paralelamente, si la fuente se aleja, las ondas se separan entre sí y, por tanto, tardan más en llegar hasta nosotros, lo que conlleva una caída de la frecuencia. Se trata del efecto Doppler, que se usa para detectar los vehículos que circulan a velocidad excesiva y para controlar el flujo sanguíneo, así como los movimientos de las estrellas y de las galaxias en el universo, que se desplazan hacia el rojo.

El matemático y astrónomo austriaco Christian Doppler definió el efecto Doppler en 1842. Está causado porque el vehículo emisor se mueve respecto al observador. Conforme el vehículo se acerca, sus ondas de sonido se amontonan, la distancia entre los frentes de onda se acorta y el sonido nos suena más agudo. Conforme se aleja a toda velocidad, los frentes de onda tardan un poco más en llegar a nosotros, los intervalos se vuelven más largos y el tono cae. Las ondas de sonido son ondas de aire que se comprime y se expande.

De un lado a otro Imaginemos que alguien a bordo de un tren empieza a lanzarnos pelotas, con un intervalo de tres segundos, según el cronómetro de su reloj de muñeca. Si las pelotas se mueven hacia nosotros, el intervalo entre la llegada de dos bolas consecutivas será un poco menor de tres segundos, puesto que cada vez las lanzan desde un poco más cerca, así que el ritmo parecerá un poco más rápido al receptor. De manera similar, conforme el tren se aleja, las pelotas tardan ligeramente más en llegar, ya que con cada lanzamiento deben recorrer una pequeña distancia añadida, así que su frecuencia de llegada es más baja. Si pudiéramos medir ese cambio de intervalo con nuestro propio reloj, podríamos averiguar la velocidad a la que se desplaza el tren del lanzador. El efecto Doppler se aplica a cualquier obje-

Cronología

1842

Doppler presenta su artículo sobre el cambio de color de la luz de las estrellas

Planetas extrasolares

Se han descubierto más de 200 planetas orbitando alrededor de estrellas diferentes a nuestro Sol. La mayoría son gigantes de gas semejantes a Júpiter, pero que orbitan mucho más cerca de sus estrellas centrales; no obstante, se han avistado también unos cuantos planetas posiblemente rocosos, de un tamaño semejante al de la Tierra. El descubrimiento de que en alrededor de una de cada diez estrellas hay planetas ha alimentado la especulación de que algunos de ellos puedan albergar formas de vida. La gran mayoría de los planetas se han localizado al registrar el tirón gravitacional que ejerce el planeta sobre su estrella anfitriona. Los planetas son pequeños comparados con las estrellas alrededor de las cuales orbitan, así que es difícil verlos contra el resplandor de su estrella. Sin embargo, la masa de un planeta hace que la estrella se tambalee un poco, y ese bamboleo se refleja como un cambio Doppler en la frecuencia de algún rasgo característico en el espectro de la estrella. Los primeros planetas extrasolares se detectaron alrededor de un púlsar en 1992 y alrededor de una estrella normal en 1995. Su detección es ahora rutinaria, pero los astrónomos siguen buscando sistemas solares semejantes al de la Tierra e intentan descubrir cómo se producen las diferentes configuraciones planetarias.

to que se mueva en relación a otro. Por tanto, ocurriría lo mismo si alguien se moviera en un tren y el lanzador de la pelota estuviera quieto en un andén fijo. Como manera de medir la velocidad, el efecto Doppler tiene muchas aplicaciones. Se usa en medicina para medir el flujo sanguíneo y en radares de carretera para atrapar a conductores que sobrepasan la velocidad permitida.

«Es posible que, cuando algún pueblo lejano de otro planeta capte alguna longitud de onda de la Tierra, lo único que oigan sea un grito continuo.»

Iris Murdoch

1912
Vesto Slipher mide los desplazamientos hacia el rojo de las galaxias

1992
Primera detección de un planeta extrasolar mediante el método Doppler

CHRISTIAN DOPPLER (1803-1853)

Christian Doppler nació en una familia de picapedreros en Salzburgo, Austria. Su constitución enclenque no le permitió seguir con el negocio de la familia y fue a la Universidad de Viena para estudiar matemáticas, filosofía y astronomía. Antes de conseguir un trabajo en la Universidad de Praga, tuvo que trabajar como contable, e incluso consideró emigrar a América. Aunque fue ascendido a profesor, Doppler tuvo dificultades para sobrellevar su trabajo, lo que hizo mella en su salud. Uno de sus amigos escribió: «Parece mentira el fructífero genio que podría ser este hombre para Austria. He escrito a [...] mucha gente que puede salvar a Doppler para la ciencia y no dejarlo morir bajo el yugo. Por desgracia, me temo lo peor». Doppler finalmente dejó Praga y regresó a Viena. En 1842, presentó un artículo en el que describía el cambio de color en la luz de las estrellas al que ahora damos el nombre de efecto Doppler: «Sabemos casi con seguridad que, en un futuro no demasiado lejano, ofrecerá a los astrónomos una herramienta adecuada para determinar los movimientos y las distancias de tales estrellas». Aunque sin duda era ingenioso, su acogida entre los demás científicos destacados fue muy diversa. Los detractores de Doppler cuestionaron su capacidad matemática, mientras que sus amigos tenían en muy alta consideración su creatividad e intuición científicas.

El movimiento en el espacio El efecto Doppler aparece frecuentemente en la astronomía, y demuestra que por todas partes hay materia en movimiento. Por ejemplo, se pueden apreciar cambios Doppler en la luz proveniente de un planeta que orbita en torno a una estrella lejana. Cuando el planeta se mueve hacia nosotros, la frecuencia de su luz aumenta, y cuando se aleja, la frecuencia de su luz cae. Se dice que la luz del planeta que se acerca se desplaza hacia el azul; cuando se aleja, se desplaza hacia el rojo. Desde la década de los noventa del siglo XX, se han descubierto cientos de planetas alrededor de estrellas distantes al encontrar la impronta de un patrón de desplazamiento Doppler en el resplandor de una estrella central.

Los desplazamientos al rojo no solo se producen debido a los movimientos orbitales de los planetas, sino también por la expansión del propio universo, y en ese caso se llama desplazamiento hacia el rojo cosmológico.

Como la distancia que nos separa de una galaxia lejana aumenta progresivamente por la expansión del universo, podemos decir que esa galaxia se aparta de nosotros a cierta velocidad, en un fenómeno similar a cuando dos puntos de un globo que se infla parezcen apartarse. Como las ondas de luz deben viajar cada vez más para alcanzarnos, la frecuencia de la luz de la galaxia baja. En consecuencia, las galaxias muy lejanas son más rojas que las que están cerca. Debemos tener en cuenta, no obstante, que estrictamente hablando el desplazamiento hacia el rojo cosmológico no es un verdadero efecto Doppler porque la galaxia que retrocede no se mueve realmente en relación a ningún otro objeto cercano. La galaxia está fija en su entorno y, en realidad, lo que se expande es el espacio intermedio que la separa de nosotros.

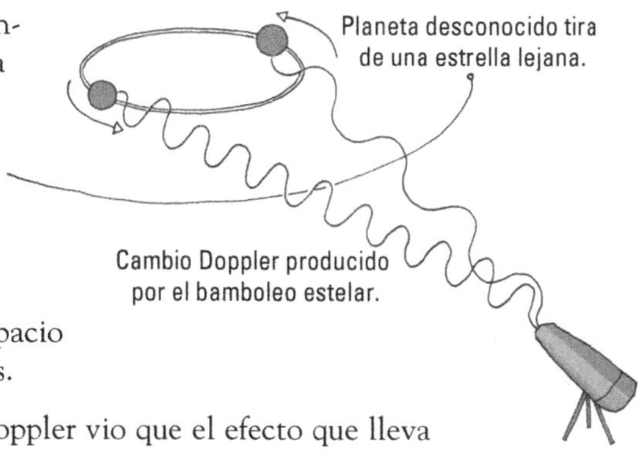

Dicho sea en su honor, el propio Doppler vio que el efecto que lleva su nombre podría ser útil para los astrónomos, pero ni siquiera él pudo prever todas las consecuencias. Aunque afirmó que lo había visto en los colores de la luz de estrellas dobles, en su época no aceptaron este punto. Doppler era un científico imaginativo y creativo, pero algunas veces su entusiasmo sobrepasaba su habilidad experimental. Décadas después, no obstante, el astrónomo Vesto Slipher midió los desplazamientos hacia el rojo galácticos, estableciendo las bases para el desarrollo del modelo del universo del Big Bang. Y ahora el efecto Doppler puede ayudar a identificar los mundos que orbitan estrellas lejanas y que podrían albergar vida.

Definición de desplazamiento hacia el rojo, z

Los desplazamientos hacia el rojo y hacia el azul se expresan en términos del cambio en las longitudes de onda (o de las frecuencias) observada y emitida por un objeto. Los astrónomos se refieren a esta relación usando el símbolo sin dimensiones, z, de manera que la razón entre la longitud de onda observada y la emitida es igual a 1 + z.

Los desplazamientos hacia el rojo, definidos así, se usan como un modo de expresión abreviado de la distancia a la que se encuentra un objeto astronómico. Por tanto, si tenemos una galaxia en la que z = 1, por ejemplo, observaremos su luz con el doble de longitud de onda a la que se emitió, y podríamos saber que estaría por la zona media del universo. Las galaxias más lejanas conocidas tienen una relación de z = 7 – 9, lo que indica cerca del 80% del universo. El fondo cósmico de microondas, lo más lejana que se puede ver, está a un z de aproximadamente 1.000.

La idea en síntesis: un tono alargado

09 Paralaje

¿A qué distancia están las estrellas? El método de paralaje se basa en el hecho de que los objetos cercanos parecen pasar a más velocidad que los más lejanos cuando los vemos desde la Tierra en movimiento. El ligero cambio de posiciones resultante nos dice que las estrellas más cercanas están a una distancia un millón de veces mayor que la que hay del Sol de la Tierra. La mayoría está localizada dentro de un disco del que también forma parte nuestra propia estrella, y que vemos proyectado como una banda en el cielo nocturno: la Vía Láctea.

Cuando dejó de pensarse que las estrellas estaban clavadas en esferas de cristal y se supo que eran miríadas de soles lejanos, fue inevitable preguntarse a qué distancia estaban. Así, se asignaron nombres a los patrones en que se agrupaban las constelaciones (el cazador Orión, la *Ursa Maior*, Osa mayor, *Crux Australis*, la cruz del sur), pero la cuestión de cómo se distribuyen en el espacio ha tardado siglos en poder responderse.

La primera pista es que las estrellas no están uniformemente esparcidas por el cielo, puesto que la gran mayoría está situada en una banda tenue a la que llamamos Vía Láctea. Es más brillante desde el hemisferio sur, especialmente la zona de la constelación de Sagitario, que siempre está salpicada por nubes negras y manchas borrosas brillantes, llamadas nebulosas. Ahora sabemos que la Vía Láctea está formada por miles de millones de estrellas apenas perceptibles, y que solo distinguimos como una masa difusa. Si intentamos localizar estas posiciones con más detalle, vemos que las estrellas se agrupan formando brazos en espiral; como la espuma de jabón que se arremolina alrededor del desagüe del baño, las estrellas de la Vía Láctea se agrupan formando una espiral alrededor del centro de nuestra galaxia, empujadas por la gravedad. El Sol está situado en uno de esos brazos en espiral, en un suburbio galáctico bastante tranquilo. Ahora bien, ¿cómo se ha podido averiguar toda esa información?

La Vía Láctea Llamada en latín *Via Lactica*, la Vía Láctea intrigaba ya a los antiguos. Filósofos griegos, como Aristóteles y Anaxágoras, se preguntaron si realmente había un mar de remotas estrellas ardientes.

Cronología

1573 Digges propuso el método de paralaje

1674 Hooke detectó cambios en la posición de γ Draconis

Sin embargo, no tenían medios para realizar análisis precisos. Hubo que esperar hasta 1610, cuando Galileo usó un telescopio para observar los cielos. Entonces, la bruma se abrió, revelando una gran multitud de estrellas individuales.

El filósofo Immanuel Kant reflexionó sobre la distribución de las estrellas en el espacio en tres dimensiones. En un tratado publicado en 1755, especuló que las estrellas de la Vía Láctea yacían en un gran disco que la fuerza de la gravedad mantenía unido, igual que los planetas del sistema solar orbitan alrededor del Sol dentro de un solo plano. Las estrellas forman una cinta alrededor del cielo porque las vemos desde nuestra ubicación dentro de ese disco.

Segundos de arco

Los astrónomos miden distancias en el cielo proyectando ángulos. El tamaño de la Luna es, más o menos, de medio grado. Los grados están subdivididos en 60 minutos ('), que se dividen en 60 segundos ("). Así que un segundo de arco corresponde a 1/3600 de un grado.

En 1785, el astrónomo británico William Herschel midió al detalle la forma del disco de la Vía Láctea topografiando minuciosamente cientos de estrellas. Al determinar sus posiciones, se dio cuenta de que había muchas más estrellas en una parte del cielo que en la dirección opuesta. Entonces, sugirió que el Sol ocupaba una posición lateral en el disco de la Vía Láctea, y no en su centro, como se suponía anteriormente.

Muy lejos Aunque en ciertas épocas se consideró que todas las estrellas estaban a la misma distancia de la Tierra, los astrónomos gradualmente se dieron cuenta de que eso era muy poco probable. Claramente, estaban repartidas de manera poco uniforme. La teoría de la gravedad de Isaac Newton implicaba que si fueran sólidas serían arrastradas unas hacia otras, del mismo modo que los planetas sufren la atracción el Sol. No obstante, dado que las estrellas no forman un solo grupo, la atracción entre ellas debe ser débil, y, por tanto, deben estar muy lejos las unas de las otras. Con este razonamiento, Newton fue uno de los primeros que se dio cuenta de lo realmente lejos que estaban las estrellas.

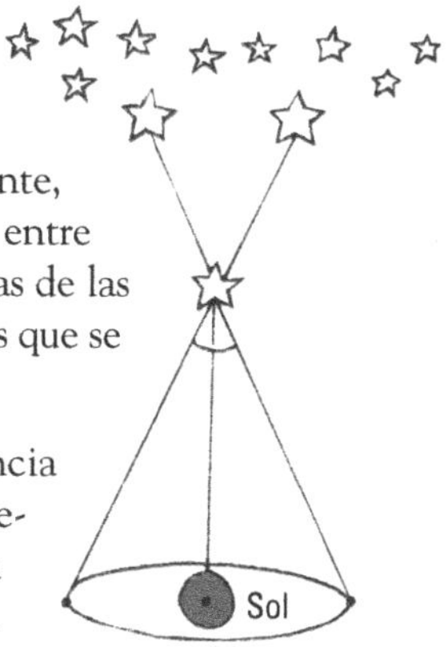

Paralaje

Los astrónomos buscaron métodos para determinar la distancia a una estrella. Uno de ellos se basaba en el brillo: si una estrella es tan brillante como el Sol, entonces, su brillo debería disminuir en proporción al cuadrado de su distancia. Con esta hipótesis, el físico holandés Christiaan Huygens (1629-

1725	1755	1785	1838	1989
Bradley propuso la teoría de la aberración estelar	Kant postuló que la Vía Láctea es un disco	Herschel midió el disco que formaba la Vía Láctea	Bessel midió el paralaje	Lanzamiento del satélite Hipparcos

Pársecs

Las mediciones de paralaje estelar se definen a menudo como la diferencia que se registra en la posición de una estrella vista desde la Tierra y desde el Sol. O lo que es lo mismo, es el ángulo subtendido desde una estrella al radio principal de la órbita de la Tierra alrededor del Sol. Así, una estrella se encuentra a una distancia de un pársec (3,26 años luz) cuando su paralaje es igual a 1 segundo de arco.

1695) averiguó lo lejos que está la estrella más brillante del cielo nocturno, Sirio.

Al ajustar el tamaño de un pequeño agujero en una pantalla, fue capaz de dejar entrar exactamente la cantidad de luz solar que equivalía al brillo de la estrella. Después de averiguar el tamaño del agujero en proporción con el del Sol, concluyó que Sirio tiene que estar a una distancia decenas de miles de veces mayor que la que nos separa del Sol. Más tarde, Newton estableció que la distancia a la que está Sirio de la Tierra era millones de veces mayor que la que separa nuestro planeta del Sol, comparando el brillo de la estrella con el de un planeta. Newton estuvo cerca de la respuesta correcta: Sirio está más o menos a la mitad de esa distancia. En ese momento, se hizo patente la vastedad del espacio interestelar.

Paralaje No todas las estrellas son exactamente tan brillantes como el Sol. En 1573, el astrónomo británico Thomas Digges propuso que el método geográfico de paralaje podía aplicarse a las estrellas. La paralaje es la diferencia en el ángulo en que vemos un punto de referencia cuando nos movemos a su alrededor; si viajamos a lo largo de un paisaje, la orientación hacia una colina cercana cambia más rápidamente que la línea que apunta hacia una montaña lejana. O, dicho de otro modo, cuando vamos en coche, los árboles que están más cerca pasan más rápido que los que están más lejos. Por tanto, las estrellas cercanas, vistas desde la Tierra en movimiento mientras sigue su trayectoria elíptica alrededor del Sol, deberían cambiar ligeramente de posición en el cielo cada año, y esa variación dependería de la distancia a la que estuvieran de nosotros.

Los astrónomos se apresuraron a registrar esos cambios anuales en las posiciones de las estrellas, tanto para medir la distancia que las separa de la Tierra, como para confirmar el modelo heliocéntrico del sistema solar. No obstante, al hacerlo descubrieron algo más. En 1674, Robert Hooke publicó un estudio de la posición de γ Draconis, una estrella brillante que, gracias a que está situada precisamente en la latitud de Londres, pudo observar con mucha precisión a través de un boquete que había abierto en su tejado con ese fin. En 1680, Jean Picard afirmó que la posición de Polaris, o la estrella Polar, también cambiaba 40 segundos de arco cada año; y John Flamsteed lo confimó en 1689.

Intrigado por lo que podían significar esas mediciones, James Bradley volvió a estudiar y confirmar el movimiento estacional de γ Draconis

ROBERT HOOKE (1635-1703)

Robert Hooke nació en la isla de Wight, en Inglaterra, y era hijo de un coadjutor. Estudió en la Christ Church, en Oxford, y trabajó como asistente del físico y químico Robert Boyle. En 1660 descubrió la ley de elasticidad, y poco después fue nombrado *Curator of Experiments* para reuniones en la Royal Society. Publicó *Micrographia* cinco años después, y acuñó el término «célula», después de comparar el aspecto de las células de las plantas bajo un microscopio con las celdas de los monjes. En 1666, ayudó a reconstruir Londres después del Gran Incendio, trabajando junto a Christopher Wren en el Observatorio Real de Greenwich, y en el Hospital Real de Monument y Bethlem (conocido como «Bedlam»). Murió en 1703 y fue enterrado en Bishopsgate, pero sus restos se trasladaron al norte de Londres en el siglo XIX y su paradero actual se desconoce. En febrero de 2006, se descubrió una copia perdida durante mucho tiempo de sus notas de las reuniones de la Royal Society, y ahora se conserva en su sede.

en 1725 y 1726. No obstante, esos cambios no parecían consecuencia de la paralaje: la posición de las estrellas debería variar en diferente grado según sus distancias, pero en ese caso las diferencias en sus posiciones eran iguales. Estaba desconcertado.

«Si he podido ver más lejos que otros, es porque me he aupado a hombros de gigantes.»

Isaac Newton

Un par de años después Bradley se dio cuenta de qué ocurría: el movimiento de la Tierra influía en cómo veíamos las estrellas. La posición de las estrellas varía ligeramente mientras damos la vuelta al Sol. Este sorprendente fenómeno, llamado aberración de la luz estelar, vuelve a confirmar que la Tierra orbita alrededor del Sol.

La paralaje no se descubrió hasta que se desarrolló un instrumental lo suficientemente preciso. En 1838, Friedrich Bessel realizó unas primeras mediciones con éxito, concretamente de la estrella 61 Cygni. Debido a lo lejos que están las estrellas, la paralaje que se obtiene es muy pequeña y difícil de medir. En la actualidad, satélites como el Hipparcos de la ESA han medido con mucha precisión la posición de 100.000 estrellas vecinas, lo que ha permitido deducir distancias para muchas otras. Ahora bien, incluso así, las paralajes solo sirven para medir las distancias del 1 por 100 de las estrellas de nuestra galaxia.

La idea en síntesis: cambios en la estrella de fondo

10 El Gran Debate

La reunión de dos grandes mentes en 1920 sentó las bases para que se produjera el mayor cambio en nuestra concepción del universo: nuestra galaxia es solo una de las muchas que hay en el espacio profundo. Este descubrimiento provocó un cambio de paradigma tan drástico como el que supuso la aceptación de que la Tierra gira alrededor del Sol, y de que el Sol es solo una de las muchas estrellas que existen. En definitiva, el Gran Debate planteó las preguntas cuyas respuestas demostrarían que hay más galaxias además de la Vía Láctea.

¿Cuál es el tamaño del universo? En 1920 esta cuestión equivalía a conocer simplemente el tamaño de la Vía Láctea. Durante los siglos anteriores, los astrónomos habían aceptado la idea de que las estrellas eran soles lejanos, parecidos al nuestro, y que estaban repartidas por todo el cielo formando un disco chato. La superficie de ese disco proyectada en el cielo formaba la franja de la Vía Láctea, que es también el nombre que damos a nuestra galaxia.

La Vía Láctea, sin embargo, no solo está formada por estrellas, sino que también contiene muchas nubes borrosas, o «nebulosas», como la mancha que está en el cinturón de la constelación de Orión, conocida como la nebulosa de cabeza de caballo debido a la forma ecuestre de una llamativa nube oscura que está en su interior. La mayoría de estas nebulosas tienen forma irregular, pero unas cuantas son elípticas con patrones en espiral superpuestos. Un famoso ejemplo de esta última clase es la nebulosa de Andrómeda, que se encuentra en la constelación de ese mismo nombre.

Entre los componentes de la Vía Láctea, también se incluyen cúmulos de estrellas, como las Pléyades, un conjunto de estrellas azules envueltas en una nebulosa, que son visibles a simple vista. Otros grupos más densos también salpican el cielo, los cúmulos globulares, que son bolas concentradas de cientos de miles de estrellas. En la Vía Láctea, se han distinguido 150 cúmulos globulares.

Cronología

1665 El astrónomo aficionado Abraham Ihle descubre los cúmulos globulares

1784 Descubrimientos de las estrellas variables cefeidas

A principios del siglo xx, los astrónomos empezaban a elaborar mapas del cielo que reconstruían la distribución de esos objetos celestes en un espacio tridimensional. Sobre todo, investigaban la forma detallada de la Vía Láctea, que, según se creía entonces, contenía todo el universo conocido.

El debate El 26 de abril de 1920, dos grandes astrónomos norteamericanos acordaron debatir cara a cara el asunto del tamaño de la Vía Láctea. Se reunieron en el Museo Smithsonian de Historia Natural en la ciudad de Washington, después de una reunión de la Academia Nacional de Ciencias de Estados Unidos. Entre el público se encontraban muchos científicos punteros, entre los que pudo estar Albert Einstein. Se considera que este debate sentó la lógica que precipitaría un cambio en nuestra concepción del tamaño del universo.

El primero en hablar fue Harlow Shapley, un brillante y joven astrónomo del Observatorio del monte Wilson en California. Se enfrentaba a la figura más establecida de Heber Curtis, director del Observatorio Allegheny en Pittsburgh, Pensilvania. Ambos presentaron sus argumentos sobre el tamaño de la Vía Láctea, basándose en los diferentes criterios en los que eran expertos. Shapley había medido las distancias a los cúmulos globulares y descubrió que estaban más lejos de lo que se imaginaba, de manera que nuestra galaxia debía ser 10 veces mayor de lo que se había pensado, es decir, que tendría un diámetro de unos 300.000 años luz. También observó que había más cúmulos globulares en una mitad del cielo que en la otra, lo que indicaba que el Sol estaba muy lejos del centro: consideró que estaba a 60.000 años luz, o más o menos a la mitad de camino. La panorámica resultante era verdaderamente sorprendente. El Sol era una estrella de tamaño medio y no era en absoluto el centro de todo.

Galaxia de Andrómeda

Curtis, mientras tanto, se centró en la resolución de un problema diferente: la naturaleza de una

1789 Herschel cataloga y bautiza los cúmulos globulares

1908 Henrietta Swan Leavitt descubre las propiedades de las cefeidas que indican la distancia

1920 El Gran Debate de Shapley contra Curtis

1924 Hubble establece que la nebulosa de Andrómeda está mucho más lejos que los confines de la Vía Láctea

«El progreso del conocimiento científico no parece hacer que nuestro universo o nuestra vida sea menos misteriosa.»

J. B. S. Haldane

nebulosa en espiral. Las características peculiares de estas nubes estructuradas lo llevaron a él y a otros a creer que se trataba de un tipo diferente de objeto, que estaba más allá de los límites de la Vía Láctea. Esa creencia encajaba con el radio pequeño que se creía que tenía la Vía Láctea.

El enfrentamiento entre los resultados de ambos astrónomos sugería un problema mayor aún por resolver. Las nuevas mediciones de Shapley habían aumentado tanto las dimensiones de la Vía Láctea que las posibilidades de que la nebulosa de Curtis estuviera fuera de ella eran más que dudosas. No obstante, seguía pareciendo muy poco probable que la peculiar nebulosa estuviera dentro de la Vía Láctea. Por tanto, era necesario llevar a cabo una revisión minuciosa de las pruebas.

Los argumentos Ambos astrónomos presentaros datos para respaldar sus ideas. Shapley defendió sus mediciones de la distancia de los cúmulos globulares, llegando a la conclusión de que la Vía Láctea era tan grande que cualquier cosa que vemos en el cielo debía estar dentro de ella. Para sus mediciones, usó un tipo particular de estrella variable cuyos periodos de luminosidad revelan su brillo. Esta estrella se llama estrella cefeida variable, por Delta Cephei, su prototipo. En pocas palabras, estas luminosas estrellas pulsantes actúan como bombillas de luz de una potencia conocida, lo que permite determinar la distancia a la que se encuentran.

Curtis era más cauto. Rebatió la argumentación de su oponente afirmando que la Vía Láctea no podía ser tan grande (las distancias de las cefeidas podían no ser correctas) y que las propiedades de las nebulosas en espiral indicaban que debían estar fuera de ella. Las nebulosas en espiral se comportaban como versiones en miniatura de nuestra propia galaxia. Como la Vía Láctea, contenían un número semejante de supernovas, giraban de manera similar a la nuestra, tenían más o menos el mismo tamaño, y en algunas había ciertas zonas oscuras a lo largo de su eje mayor, lo que sugería que eran parecidas a un disco. En

Años luz

Un año luz es la distancia que la luz recorre en un año. La luz se mueve a una velocidad de alrededor de 300.000 km por segundo. Así que, en un año, viaja alrededor de 10 billones de km. La Vía Láctea mide unos 150.000 años luz; y la galaxia de Andrómeda está a una distancia de 2,3 millones de años luz.

Unidades astronómicas

En nuestro sistema solar, los astrónomos a veces usan una unidad de distancia llamada unidad astronómica (ua). La UA se define por la distancia media que hay entre la Tierra y el Sol, y mide unos 150 millones de km. Mercurio está a una distancia del Sol de $\frac{1}{3}$ de UA, y Plutón a unas 40 UA.

definitiva, todo indicaba que había otras galaxias, y que, por tanto, la nuestra no era única.

¿Quién tenía razón? Al final, el debate quedó en tablas y no hubo ningún claro ganador. Ambos tenían razón en parte, y ambos estaban equivocados en algunos aspectos. Cada uno acertaba en su propia especialidad. Las distancias de Shapley eran más o menos correctas. Y, ciertamente, el Sol no está situado en el centro de la galaxia. No obstante, lo más importante es que Curtis tenía básicamente razón respecto a que las nebulosas están fuera de nuestra galaxia: son «universos islas». La prueba llegó en 1924, cuando Edwin Hubble combinó ambos grupos de pruebas. Midió la distancia hasta la nebulosa de Andrómeda, una de nuestras galaxias vecinas más cercanas, con la técnica de las estrellas variables cefeidas desarrollada por Shapley, y descubrió que estaba mucho más lejos que los cúmulos globulares. Ciertamente, estaba mucho más allá de la Vía Láctea.

Implicaciones Aunque el debate consistió más en una exposición de argumentos que en una pelea con dos contrincantes con una clara victoria, planteó las cuestiones que los astrónomos debían solventar. Por tanto, se convirtió en un punto de inflexión que supuso la transformación de nuestro concepto del tamaño del universo. Del mismo modo que Copérnico desplazó a la Tierra del centro del universo para poner el Sol en su lugar, Shapley apartó el Sol del centro a favor del núcleo de la Vía Láctea. Curtis llegó incluso más allá y demostró que la Vía Láctea no es ni única, ni especial: es solo una de las miles de millones de otras galaxias. El sitio de la humanidad en el universo es realmente precario.

La idea en síntesis: el reino de las galaxias

11 La paradoja de Olbers

¿Por qué es oscuro el cielo nocturno? Si el universo fuera infinito y si hubiera existido desde siempre, sería tan brillante como el Sol, pero no lo es. Si miramos la noche estrellada, veremos la historia entera del universo. El número de estrellas es limitado y eso implica que el universo tiene una edad limitada y finita. La paradoja de Olbers preparó el camino para la cosmología moderna y el modelo del Big Bang.

Trazar el mapa de todo el universo y revisar su historia parece una tarea realmente difícil, para la que necesitaríamos costosos satélites espaciales, enormes telescopios en remotas cimas montañosas, o bien un cerebro como el de Einstein. No obstante, tan solo observando el cielo una noche clara podemos hacer una observación tan profunda como la relatividad general: el cielo nocturno es oscuro. Aunque es una característica que damos por sentado, el hecho de que el firmamento sea oscuro y no tan brillante como el Sol nos dice mucho sobre nuestro universo.

Luz de estrella, brillo de estrella Si el universo fuera infinitamente grande y se extendiera indefinidamente en todas direcciones, veríamos estrellas independientemente de la dirección hacia la que miráramos. Toda línea de visión acabaría en la superficie de una estrella. Más allá de la Tierra, muchísimas estrellas llenarían el espacio. Es decir, sería parecido a mirar a través de un bosque lleno de árboles: de cerca, se puede distinguir cada uno de los troncos y, cuanto más cerca se estuviera, más grandes parecerían, pero muchísimos más árboles en la lejanía llenarían el campo de visión del observador. Por tanto, si se tratara de un bosque realmente grande, no se podría ver el paisaje que hay más allá de él. Pues esto mismo es lo que pasaría si el universo fuera infinitamente grande. Aunque las estrellas están más espaciadas que los árboles, serían suficientes para copar toda la visión. Y si todas las estrellas fueran como el Sol, entonces la luz estelar debe-

Cronología

1610
Kepler observa que el cielo nocturno es oscuro

ría cubrir todo el cielo. Aunque una estrella lejana sea tenue, tendría que haber más estrellas a esa distancia. Si además le sumamos toda la luz de esas estrellas, la luz resultante sería tan intensa como la del Sol, así que todo el cielo nocturno debería brillar tanto como el Sol. Obviamente, sabemos que no es así. Johannes Kepler fue el primero en darse cuenta de la paradoja del cielo nocturno oscuro en el siglo XVII, pero fue en 1823 cuando el astrónomo alemán Heinrich Olbers la formuló por primera vez. Las soluciones a la paradoja son de mucho calado. Hay varias explicaciones, y cada una tiene elementos de verdad, que ahora los astrónomos modernos comprenden y adoptan. No obstante, es sorprendente que una observación tan simple pueda decirnos tanto.

El final a la vista La primera explicación que encontramos es que el universo no es infinitamente grande y tiene que acabar en alguna parte. Así que debe albergar un número limitado de estrellas, y no todas las líneas de visión conducirán a una estrella. De manera semejante, si permanecemos en el linde de un bosque o de una pequeña arboleda, podemos ver el cielo que hay más allá. Otra explicación podría ser que el número de estrellas más alejadas es menor, así que la luz que suman no es mucha. Como la luz viaja a una velocidad precisa, la luz de estrellas distantes tarda mucho más en alcanzarnos que la de las estrellas cercanas. La luz tarda ocho minutos en llegarnos desde el Sol, pero le cuesta cuatro años llegar desde la estrella más cercana, Alpha Centauri, y nada menos que 100.000 años en llegar hasta nosotros desde el otro lado de nuestra propia galaxia. La luz de la siguiente galaxia más cercana, Andrómeda, tarda dos millones de años en alcanzarnos y es el objeto más distante que podemos ver con el ojo desnudo. Por tanto, cuando miramos a lo lejos en el universo, estamos mirando al pasado y las estrellas distantes parecen más jóvenes que las cercanas porque su luz ha viajado mucho tiempo hasta alcanzarnos. Si las estrellas juveniles fueran más raras que las estrellas cercanas, podríamos obtener datos importantes para resolver la paradoja de Olbers.

Otro hecho que podría explicar la paradoja es que las estrellas tienen un tiempo de vida finito, así, las estrellas como el Sol viven durante

1832
Olbers formula la paradoja que lleva su nombre

1912
Vesto Slipher mide los desplazamientos al rojo de las galaxias

Los cielos oscuros

Resulta difícil disfrutar de la belleza del cielo nocturno oscuro debido al resplandor de las luces de nuestras ciudades. A lo largo de la historia, la gente, en noches claras, ha levantado la vista y ha visto una columna luminosa de estrellas que se extendía por el cielo. Incluso en grandes ciudades, hace cincuenta años era posible ver las estrellas más brillantes y la franja de la Vía Láctea, pero hoy en día es muy difícil ver alguna estrella desde las ciudades, e incluso en el campo el cielo puede estar tapado por alguna nube de contaminación amarillenta. La vista que ha inspirado a los hombres durante las generaciones anteriores a la nuestra se ensombrece cada día más. Las luces de sodio de las calles son las principales culpables, especialmente las que malgastan energía iluminando hacia arriba, además de hacia abajo. Grupos de todo el mundo, como la Asociación por el Cielo Oscuro, de la que forman parte muchos astrónomos, reclaman que se modere la contaminación lumínica para preservar la vista del universo.

10.000 millones de años (las más grandes tienen una vida más corta, y las más pequeñas más larga). Las estrellas no existen en el universo más inmediato porque no hay tiempo para que hayan nacido. Por tanto las estrellas no han existido desde siempre.

Las estrellas distantes pueden ser más tenues que el Sol debido al desplazamiento hacia el rojo. La expansión del universo alarga las longitudes de onda de la luz, lo que provoca que la luz de las estrellas distantes parezca más roja. Así que las estrellas que están muy lejos parecen un poco más frías que las estrellas cercanas. Esto también podría restringir la cantidad de luz que nos llega de las partes externas del universo.

Se han planteado ideas más extravagantes, como que el hollín de civilizaciones alienígenas, agujas de hierro o un extraño polvo gris nos bloquean la luz más lejana. No obstante, cualquier luz absorbida volvería a emitirse como calor, y por tanto aparecería en cualquier otra parte del espectro. Los astrónomos han revisado la luz del cielo nocturno en todas sus longitudes de onda, desde ondas de radio a rayos gamma, y no han visto signos de que haya luz estelar visible bloqueada.

Un universo a mitad de camino Así, la simple observación de que el cielo nocturno es oscuro nos permite afirmar que el universo no es infinito, que solo existe desde hace una cantidad de tiempo li-

«Si la sucesión de estrellas fuera infinita, el fondo del cielo tendría una luminosidad uniforme, como la que se ve en la Galaxia: ya que no podría haber ningún punto de ese fondo en que no existiera una estrella.»

Edgar Allan Poe

mitada, que su tamaño es restringido y que las estrellas que hay en él no han existido desde siempre.

La cosmología moderna se basa en estas ideas. Las estrellas más antiguas que vemos tienen alrededor de 13.000 millones de años, así que sabemos que el universo debió de formarse antes de ese momento. La paradoja de Olbers sugiere que no pudo ser mucho antes; de lo contrario, veríamos varias generaciones previas de estrellas, que no parecen existir.

Las galaxias lejanas parecen desde luego más rojas que las más cercanas, debido al desplazamiento hacia el rojo, lo que provoca que sean más difíciles de ver con telescopios ópticos y lo que confirma que el universo se expande. Las galaxias más lejanas que conocemos son tan rojas que se han vuelto invisibles y solo pueden encontrarse en longitudes de onda infrarrojas. Los astrónomos han apodado al periodo durante el cual las primeras estrellas se encendieron, y donde las galaxias son tan rojas que casi desaparecen de la vista, las «edades cósmicas oscuras». La meta es intentar encontrar esos objetos primordiales para comprender por qué se formaron en primer lugar y cómo las estrellas y las galaxias crecen de pequeñas semillas bajo la acción de la gravedad.

Al postular su paradoja, Olbers no lo sabía, pero estaba preguntando las mismas preguntas que atañen a los cosmólogos actuales. Así que toda esta evidencia apoya la idea del Big Bang, la teoría de que el universo creció a partir de una vasta explosión que tuvo lugar hace 14.000 millones de años.

La idea en síntesis: nuestro universo finito

12 La ley de Hubble

El astrónomo norteamericano Edwin Hubble fue el primero en darse cuenta de que todas las galaxias fuera de la nuestra se alejan de nosotros. Cuanto más lejos están, más rápido se retiran, siguiendo la ley de Hubble. Esta diáspora galáctica proporcionó la primera evidencia de que el universo se expande, un descubrimiento sorprendente que cambió la visión de nuestro universo y de su destino.

Cuando Copérnico dedujo en el siglo XVI que la Tierra giraba alrededor del Sol causó una gran consternación. Los seres humanos ya no vivían en el centro del cosmos. Ahora bien, en la segunda década del siglo XX, Hubble realizó unas mediciones con el telescopio que resultaban todavía más perturbadoras. Demostró que el universo entero no estaba estático, sino que se expandía.

Hubble estableció a qué distancias se encontraban las otras galaxias y sus velocidades con respecto a nuestra Vía Láctea, y descubrió que todas ellas se alejaban de nosotros. Cósmicamente éramos tan poco populares que solo unos pocos vecinos cercanos avanzaban lentamente hacia nosotros. Cuanto más lejana es la galaxia, más rápidamente retrocede, con una velocidad proporcional a la distancia a la que se encuentra (ley de Hubble). La relación entre la velocidad y la distancia es igual siempre a un mismo número, que se bautizó como constante de Hubble. Los astrónomos actuales han comprobado que su valor se acerca a los 72 km por segundo y por megapársec (un megapársec, o un millón de pársecs, equivale a 3.262.000 de años luz, 3×10^{22} m). Este es el ritmo al que las galaxias se alejan de nosotros.

El Gran Debate Antes del siglo XX, los astrónomos prácticamente no entendían nuestra propia galaxia, la Vía Láctea. Habían medido

«La historia de la astronomía es la historia de horizontes que retroceden.»

Edwin Hubble

Cronología

1918
Vesto Slipher mide los desplazamientos al rojo de las nebulosas

1920
Shapley y Curtis debaten sobre el tamaño de la Vía Láctea

centenares de estrellas que estaban en su interior, pero también habían observado que estaba salpicada por muchas manchas tenues, llamadas nebulosas. Algunas de estas nebulosas eran nubes de gas que estaban relacionadas con los nacimientos y las muertes de las estrellas, pero otras parecían diferentes. Algunas tenían forma de espiral u ovalada que sugerían que eran más regulares que una nube. El origen de estas nebulosas fue objeto de debate en 1920 entre dos famosos astrónomos (véase la p. 45). Harlow Shapley argumentaba que todo lo que hay en el cielo forma parte de la Vía Láctea; Heber Curtis proponía que algunas de estas nebulosas estaban fuera de la Vía Láctea. Hubble demostró que las nebulosas en espiral eran en realidad galaxias externas. El universo se había convertido de repente en un lienzo vastísimo.

Hubble usó el Telescopio Hooker de 100 pulgadas (254 cm), situado en el monte Wilson, para medir la luz de las estrellas en la nebulosa de Andrómeda, que ahora sabemos que es una galaxia en espiral muy parecida a la Vía Láctea y también hermana del grupo de galaxias asociado a la nuestra. Estas estrellas parpadeantes llamadas cefeidas son estrellas variables, e, incluso ahora, son indicadoras de distancia inestimables. La amplitud y el ritmo del parpadeo están directamente relacionados con el brillo intrínseco de la estrella, así que si sabes cómo varía la luz, podemos averiguar también lo brillante que es. Y si conocemos su brillo, podemos averiguar lo lejos que está, porque se atenúa con la distancia. De este modo, Hubble pudo medir la distancia que separa la Tierra de la galaxia de Andrómeda. Y así se confirmó que estaba situada mucho más allá de los confines de la Vía Láctea, y que, por tanto, debía estar fuera de nuestra galaxia. De este modo, se sentaron las bases para el debate: existían otras galaxias más allá de la nuestra.

Expansión del universo Hubble estableció después las distancias de muchas otras galaxias. También descubrió que su desplazamiento hacia el rojo de la luz era proporcional a la distancia. El desplazamiento hacia el rojo es similar al efecto Doppler de un objeto cuya velo-

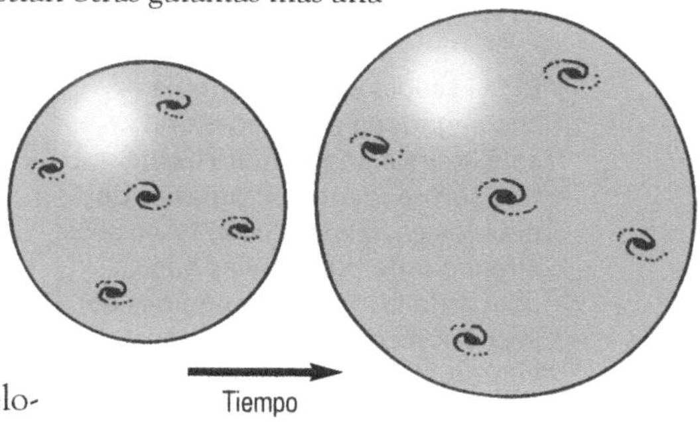

1922
Alexander Friedman publica el modelo del Big Bang

1929
Hubble, Milton y Humason descubren la ley de Hubble

2001
El telescopio espacial Hubble permite otorgar un valor preciso a la constante de Hubble

cidad lo aleja de nosotros (véanse las pp. 36-39). Descubrir que frecuencias conocidas de luz, incluidas las líneas espectrales, aparecían más rojas de lo esperado implicaba que estas galaxias se alejaban rápidamente de nosotros, como ocurre cuando el tono de las sirenas de las ambulancias cae cuando se alejan a toda velocidad. Resultaba muy extraño que todas las galaxias se estuvieran alejando, y que solo algunas pocas, de las que estaban más cerca, se movieran hacia nosotros. Además, cuanto más lejos estaban, más rápido retrocedían.

Hubble también observó que las galaxias no se limitaban a alejarse de nosotros, lo que nos habría conferido un lugar privilegiado en el universo, sino que también se alejaban unas de otras. Llegó, por tanto, a la conclusión de que el universo se expandía y que se hinchaba como si fuera un balón gigante. Las galaxias serían, entonces, como puntos señalados en el globo que se alejarían cada vez más unos de otros, conforme aquél se llenara de aire.

¿Cuán lejos y cuán rápido? Incluso en la actualidad, los astrónomos usan las estrellas cefeidas variables para analizar la expansión del universo local. Medir la constante de Hubble con precisión ha sido un objetivo primordial. Para conseguirlo, era necesario conocer lo lejos que está algo y su velocidad o desplazamiento hacia el rojo. Los desplazamientos hacia el rojo se miden directamente a partir de las líneas espectrales. La frecuencia de una transición atómica particular de la luz estelar puede cotejarse con su longitud de onda medida en el laboratorio: la diferencia indica su desplazamiento hacia el

El telescopio espacial Hubble

El telescopio espacial Hubble es con seguridad el observatorio satélite más popular que existe. Sus sorprendentes fotografías de nebulosas, galaxias lejanas y discos alrededor de las estrellas han adornado las primeras páginas de los periódicos durante 20 años. Lanzada en 1990 desde el transbordador espacial, esta nave espacial tiene un tamaño dos veces mayor que un autobús de dos pisos, pues mide 13 metros de largo, 4 m de ancho y pesa 11.000 kg. Asimismo, incorpora un telescopio astronómico cuyo espejo mide unos 2,4 metros de ancho, y una serie de cámaras y detectores electrónicos que pueden tomar imágenes de claridad cristalina, en luz visible y ultravioleta y en infrarrojos. La ventaja del Hubble reside en que está situado por encima de la atmósfera, de modo que las fotos no salen borrosas. No obstante, ahora que empieza a ser antiguo, su destino es incierto. Después de actualizar su instrumental por última vez y cuando el programa de la NASA llegue a su fin, la Agencia puede optar por rescatar la nave para la posteridad o estrellarla con total seguridad en el océano.

«Cada vez las encontramos más pequeñas y más tenues, su número no deja de crecer, y sabemos que cada vez llegamos más lejos en el espacio, hasta que alcancemos la nebulosa más tenue que pueda detectarse con los mayores telescopios y lleguemos a la frontera del universo conocido.»

Edwin Hubble

rojo. Las distancias son más difíciles de determinar, porque es necesario observar algún objeto de la lejana galaxia cuya distancia o cuyo brillo verdadero se pueda medir, es decir, una «una vela estándar».

Hay una gran variedad de métodos para inferir distancias astronómicas. Las estrellas cefeidas sirven cuando se trata de galaxias cercanas, y se pueden separar las estrellas individuales. No obstante, si las galaxias están más lejos, hay que recurrir a otras técnicas. Si se agrupan todas ellas, obtendremos una vara de medir gigante o «escala de distancias». No obstante, como cada método tiene sus propias peculiaridades, sigue habiendo muchas dudas en la precisión de la escala extendida.

En la actualidad, sabemos que la constante de Hubble tiene una precisión de alrededor de un 10 por 100, en buena parte gracias a la observación de galaxias mediante el Telescopio Espacial Hubble y de la radiación cósmica de fondo de microondas. La expansión del universo empezó con el Big Bang, la explosión que creó el universo, y las galaxias han ido alejándose unas de otras desde entonces. La ley de Hubble establece un límite de edad al universo. Al estar en continua expansión, si se rastrea la expansión hasta su punto de inicio, se puede averiguar cuándo empezó. Y resulta que podemos situar ese inicio hace unos 14.000 millones de años. Afortunadamente, este ritmo de expansión no es suficientemente grande para desgarrar el universo, sino que, por el contrario, en el cosmos existe el equilibrio adecuado para que no llegue a desgarrarse ni tampoco llegue a adquirir una cantidad de masa que lo llevara a contraerse sobre sí mismo.

La idea en síntesis: el universo en expansión

13 Escalera de distancias cósmicas

Diferentes mediciones de la distancia astronómica han provocado grandes cambios en el paradigma de la astronomía. La distancias que nos separan de las estrellas hacen que nos sintamos pequeños, pero determinar el tamaño de la Vía Láctea y la lejanía de las nebulosas cercanas permitió desarrollar el cosmos de las galaxias. Como las escalas son tan grandes, ningún método individual puede aplicarse en todo el universo. Así, la escala de distancias cósmicas es el mosaico resultante de la unión de varias técnicas.

El universo es tan grande que medir distancias en él supone todo un reto. Una escala que funciona con nuestra galaxia no puede abarcar también los extremos más lejanos del cosmos. Por ello, se ha desarrollado un nutrido grupo de métodos diversos, y cada técnica se aplica a un campo determinado. Cuando los métodos se solapan, las escalas adyacentes pueden unirse y formar así una serie de peldaños conocida como «Escalera de distancias cósmicas». Los círculos de esta escalera abarcan todo el universo, desde nuestro sistema solar hasta las estrellas más cercanas, pasando por la Vía Láctea a otras galaxias, los cúmulos galácticos, hasta llegar al límite del universo visible.

El primer travesaño es el más firme. La posición de las estrellas cercanas puede establecerse con precisión usando el método trigonométrico de la paralaje. Igual que un excursionista puede ubicar la cima de una montaña en su mapa, tomando diversas referencias mientras camina, un astrónomo que se encuentra en la Tierra en movimiento puede, del mismo modo, ubicar una estrella midiendo sus cambios de posición respecto a las estrellas de fondo más lejanas. El grado de ese cambio indica al astrónomo lo lejos que está la estrella: las que están más cerca se mueven más que las que están más lejos. No obstante, la distancia a las estrellas es tan enorme (la estrella más cercana está a cuatro años luz) que los cambios son pequeños y difíciles de medir.

Cronología

1784
Descubrimiento de las estrellas cefeidas variables

1918
Se establece la escala de la distancia de las cefeidas

Las mediciones de paralaje solo pueden aplicarse en una fracción de la Vía Láctea. Para llegar más allá, necesitaremos otros métodos.

Cefeidas Estas estrellas únicas son el siguiente peldaño. Si conocemos el brillo exacto de una estrella (el equivalente cósmico de una bombilla de 100 watios, conocida como «candela estándar»), podemos averiguar la distancia a la que se encuentra midiendo su pérdida de luz. El brillo disminuye en proporción al cuadrado de la distancia, de manera que una estrella que esté dos veces más lejos que otra idéntica parecerá cuatro veces más débil. La clave reside siempre en conocer el brillo intrínseco de la estrella. Las estrellas tienen todo tipo de formas, tamaños y colores (desde gigantes y rojas, hasta enanas y blancas), de modo que no es sencillo. Sin embargo, en el caso de unas ciertas estrellas poco habituales y raras, hay una manera de hacerlo.

Las estrellas cefeidas variables resultan muy útiles como candelas estándar. La potencia de la estrella puede deducirse por el ritmo al que parpadea. Comparando ese dato con lo tenue que la estrella parece en el cielo, podremos saber cuán lejos está. Las estrellas como las cefeidas son lo suficientemente brillantes para ser visibles en toda la Vía Láctea e incluso en galaxias diferentes a la nuestra, de ahí que puedan usarse para explorar la región del universo que rodea nuestra galaxia.

Polvo cósmico

Un problema que se plantea al usar candelas estándar a grandes distancias es que el material intermedio puede atenuarlas. Las galaxias son lugares revueltos, llenos de nubes de gas, desechos y hollín rico en carbono, de manera que si la estrella o la supernova que investigamos está detrás de alguna nube de contaminación, podría parecer más tenue de lo que realmente es. Los astrónomos tratan de salvar estos obstáculos vigilando con cuidado los indicadores de polvo cósmico. Una señal obvia es que el color de la estrella de fondo cambia y tiene una apariencia más roja, por el mismo fenómeno que permitió presenciar espectaculares atardeceres después de la inyección de polvo en la atmósfera de la Tierra en 1991, con la erupción volcánica del monte Pinatubo. Si los astrónomos encuentran señales de polvo, pueden corregir el brillo de la estrella en consecuencia.

1924
Hubble mide la distancia a la galaxia de Andrómeda

1929
Hubble mide la expansión cósmica

1998
Los datos de supernovas señalan la existencia de la energía oscura

Supernovas Si seguimos avanzando más lejos, necesitaremos candelas estándar todavía más brillantes. Entre las estrellas, los faros más poderosos son las supernovas: explosiones catastróficas de soles que se mueren. Una clase particular de ellas, la supernova de Tipo Ia, es extremadamente valiosa y puede detectarse en lugares del universo bastante lejanos. El brillo exacto de una supernova de Tipo Ia puede determinarse por el ritmo al que explota, estallando primero y extinguiéndose después.

Las supernovas se producen en muy raras ocasiones (puede explotar una cada 50 años en una galaxia del tamaño de la Vía Láctea) pero son útiles a distancias cósmicas donde hay muchas galaxias disponibles que aumenten las posibilidades de que un científico pueda ver una durante su carrera. Asimismo, las supernovas de galaxias lejanas han permitido descubrir que en la expansión del universo interviene un componente misterioso llamado energía oscura, una especie de término antigravedad en las ecuaciones de la relatividad general (véase la p. 96).

Desplazamiento al rojo A escalas cósmicas, los desplazamientos hacia el rojo de las líneas espectrales son los indicadores de distancia más usados. Según la ley de Hubble, cuanto más lejos está una galaxia, más rápido se separa de nosotros debido a la expansión del universo, y más se desplazan hacia el extremo rojo del espectro sus líneas de emisión y de absorción. No obstante, como solo indica la velocidad bruta de la galaxia, un desplazamiento hacia el rojo podría estar contaminado por los movimiento locales del objeto.

Los desplazamientos hacia el rojo son, por tanto, un buen indicador de la posición general, pero resultan menos útiles para determinar con precisión la distancia, y menos aún en las distancias cercanas, cuando los movimientos intrínsecos podrían ser semejantes en magnitud a las velocidades de la expansión cósmica. En la actualidad, se

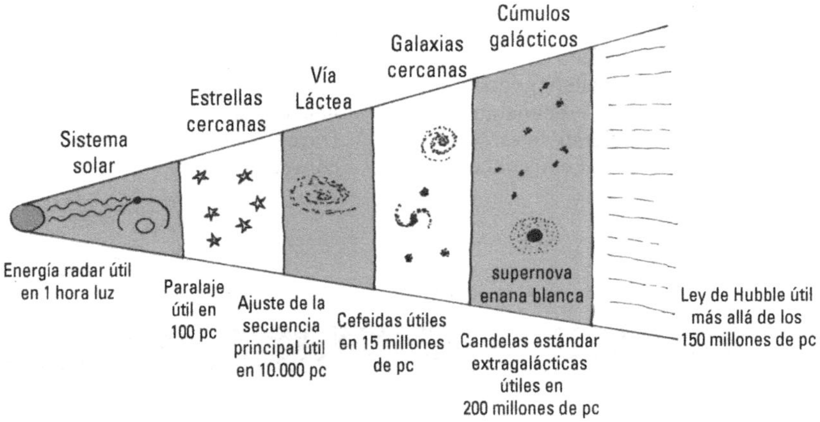

«Nunca se concibieron los travesaños de una escalera para quedarnos en ellos, sino solo para aguantar el pie del hombre el tiempo suficiente para permitirle poner el otro un poco más alto.»

Thomas Huxley

pueden ver galaxias en un 80 por 100 del universo. Los astrónomos compiten cada día por mejorar esa marca.

Métodos estadísticos Se ha probado un amplio abanico de métodos diferentes. Algunos son geométricos y consisten en comparar «indicadores» cuyas verdadera longitud puede determinarse aplicando teorías físicas básicas con escalas medidas en el cielo. Entre estas se incluyen distancias medias entre cúmulos de galaxias y tamaños característicos de manchas calientes y frías en el fondo cósmico de microondas.

Algunos métodos estadísticos también funcionan. Así, como los ciclos de vida de las estrellas se conocen bien, se pueden usar algunas de su fases como indicadores. Igual que las cefeidas individuales permiten averiguar distancias por su brillo y ritmo, los promedios estadísticos pueden señalar cambios clave en el brillo y el color de conjuntos de miles de estrellas. Otra técnica que se usa en el estudio de las galaxias consiste en determinar la distancia a partir de lo borrosa que se vea, así una galaxia formada por miles de millones de estrellas tiene una apariencia granulosa si se observa de cerca, en cambio, de lejos parece más homogénea porque las estrellas individuales se hacen borrosas.

La escalera de distancias cósmicas tiene una base firme, pero se vuelve un poco más problemática conforme nos adentramos en el espacio. No obstante, la inmensidad del espacio implica que eso no importa demasiado. Desde las estrellas más cercanas, que están solo a unos pocos años luz, hasta los bordes de nuestra Vía Láctea, que tiene unos 100.000 años luz de diámetro, las distancias están bien medidas. La expansión cósmica tiene efectos más allá de nuestro grupo local de galaxias, a más de 10 millones de años luz, y, por tanto, las distancias son más difíciles de interpretar. De todos modos, las candelas estándares han revelado no solo que nuestro universo se expande sino que existe la energía oscura, y han unido todo lo que contiene con la física fundamental del universo temprano. Quizás no sea tan problemático después de todo.

La idea en síntesis: mosaico de escalas

14 El Big Bang

El nacimiento del universo tuvo lugar en una explosión extraordinaria que creó todo el espacio, la materia y el tiempo tal y como los conocemos. Después de que las matemáticas de la relatividad general lo predijeran, se han encontrado diversas pruebas del Big Bang, entre ellas, el alejamiento de las demás galaxias con respecto a la nuestra, en las cantidades de elementos ligeros en el universo y en el resplandor del fondo cósmico de microondas que cubre todo el cielo.

El Big Bang es la explosión primordial que dio origen al nacimiento del universo. Mirando a nuestro alrededor hoy, vemos señales de que nuestro universo se expande y podemos inferir que debió de haber sido más pequeño y caliente en el pasado. La conclusión lógica que se deduce es que todo el cosmos pudo originarse a partir de un solo punto. En el momento de la ignición, espacio, tiempo y materia se crearon a la vez en una bola de fuego cósmica. Gradualmente, a lo largo de más de 14.000 millones de años, esta nube densa y caliente se hinchó y se enfrió. Eventualmente se fragmentó y surgieron las estrellas y galaxias que salpican de puntos los cielos que vemos hoy.

No es ninguna broma En realidad, la expresión «Big Bang» se acuñó para ridiculizar la teoría. El eminente astrónomo británico Fred Hoyle consideraba absurdo que todo el universo hubiera crecido a partir de una sola semilla. En una serie de conferencias difundidas por primera vez 1949, se tachó de absurda la propuesta del matemático belga Georges Lemaître, que descubrió semejante solución en las ecuaciones de la relatividad general de Einstein. En lugar de eso, Hoyle prefería creer en una visión más sostenible del cosmos, en un universo eterno en estado estacionario, donde la materia y el espacio se creaban y destruían continuamente, de manera que podía haber existido por un tiempo ilimitado. Incluso así, las pistas empezaban ya a acumularse, y en la década de los años sesenta del siglo XX, se abandonó la imagen estática de Hoyle debido al peso de las pruebas que favorecían el modelo del Big Bang.

Cronología

1927
Friedmann y Lemaître idean la teoría del Big Bang

1929
Hubble detecta la expansión del universo

El universo en expansión Tres observaciones decisivas sostienen el éxito del modelo del Big Bang. La primera es la observación de Edwin Hubble de la década de los años veinte del siglo pasado de que la mayoría de las galaxias se alejan de la nuestra. Vistas en conjunto, todas las galaxias tienden a apartarse las unas de las otras como si el tejido del espacio-tiempo se expandiera y se estirara, siguiendo la ley de Hubble. Una consecuencia del estiramiento es que la luz tarda ligeramente más en alcanzarnos cuando viaja a lo largo de un universo en expansión que en uno donde las distancias permanecen fijas. Este efecto se registra como un cambio en la frecuencia de la luz, llamado «desplazamiento hacia el rojo», porque la luz que recibimos tiene una apariencia más rojiza que cuando dejó la estrella o galaxia lejana. Los desplazamientos hacia el rojo pueden usarse para inferir distancias astronómicas.

«Hay un plan coherente en el universo, aunque no sabemos en qué consiste.»

Fred Hoyle

Elementos ligeros Si retrocedemos en el tiempo hasta las primeras horas del universo recién nacido, justo después del Big Bang, debemos imaginarlo todo unido y amontonado en un caldero hirviendo extremadamente caliente. En los primeros segundos, el universo estaba tan caliente y era tan denso que ni siquiera los átomos eran estables. Conforme creció y se enfrió, surgió una sopa de partículas llena de quarks, gluones y otras partículas fundamentales. Después de solo un minuto, los quarks se unieron para formar protones y neutrones. Entonces, durante los tres primeros minutos, la química cósmica mezcló protones y neutrones, según sus números relativos, y se formaron núcleos atómicos. En este momento, se formaron por primera vez elementos diferentes al hidrógeno mediante un proceso de fusión nuclear. Una vez que el universo se enfrió por debajo del límite de fusión, no se pudieron formar elementos más pesados que el berilio. Así que el universo quedó inundado inicialmente por los núcleos de hidrógeno y helio y los restos de deuterio (hidrógeno pesado), litio y berilio formados en el momento mismo del Big Bang.

En los años cuarenta del siglo xx, Ralph Alpher y George Gamow predijeron las proporciones de elementos ligeros producidos durante el Big Bang, y ese esquema básico se confirmó con mediciones de estrellas de combustión lenta y nubes de gases primitivos en nuestra Vía Láctea.

1948 Predicción del fondo de microondas cósmico. Alpher y Gamow calculan la nucleosíntesis del Big Bang

1949 Hoyle acuña el término «Big Bang»

1965 Penzias y Wilson detectan el fondo cósmico de microondas

1992 El satélite COBE mide las manchas del fondo cósmico de microondas

Resplandor de microondas Otro pilar en el que se apoya la teoría del Big Bang es el descubrimiento en 1965 de su débil eco. Mientras Arno Penzias y Robert Wilson trabajaban en un receptor de radio en los laboratorios Bell en Nueva Jersey, les sorprendió una señal de ruido débil de la que no podían librarse. Al parecer había una fuente extra de microondas que surgía por todo el cielo, y que equivalía a unos pocos grados de temperatura. Habían topado con la radiación del fondo de microondas cósmico, un mar de fotones remanente del primigenio universo caliente.

En la teoría del Big Bang, los estudios de George Gamow, Ralph Alpher y Robert Hermann en 1948 ya predecían la existencia del fondo de microondas. Aunque los núcleos se sintetizaron en los tres primeros minutos, los átomos tardaron 400.000 años en formarse, cuando los electrones con carga negativa se emparejaron con núcleos de carga positiva para formar átomos de hidrógeno y otros elementos ligeros. La eliminación de partículas cargadas que dispersaban y bloqueaban la trayectoria de la luz aclaró la niebla e hizo que el universo se hiciera transparente. A partir de entonces la luz podía viajar libremente por el universo, lo que nos permite ver hasta distancias tan lejanas.

Aunque la niebla del joven universo era originalmente caliente (alcanzaba unos 3.000 grados Kelvin o K), la expansión del universo ha desplazado hacia el rojo su resplandor de manera que ahora la vemos con una temperatura de menos de 3 K (tres grados por encima del cero absoluto). Y esto es lo que Penzias y Wilson detectaron. Así que con sus tres principales pilares básicos hasta ahora intactos, los astrofísicos aceptan mayoritariamente la teoría del Big Bang. No obstante, todavía quedan algunos científicos que defienden el modelo estacionario que apoyaba Fred Hoyle, a pesar de que es difícil explicar todas las observaciones citadas más arriba en cualquier otro modelo que no sea el del Big Bang.

Destino y pasado ¿Qué ocurría antes del Big Bang? Como el espacio-tiempo se creó con el Big Bang, plantear esta pregunta no tiene mucho sentido (sería como preguntar dónde empieza la Tierra o cuál es el norte del Polo Norte). No obstante, los físicos matemáticos sí reflexionan sobre el desencadenante del Big Bang en un espacio multidimensional (a menudo de 11 dimensiones) mediante las matemáticas de la teoría M y la teoría de cuerdas. Aquellos examinan la física y las energías de cuerdas y membranas en estas multidimensiones y añaden conceptos de la física de partículas y de la mecánica cuántica para intentar comprender cómo pudo iniciarse un suceso semejante. Estableciendo paralelismos con ideas de la física cuántica, algunos cosmólogos también debaten sobre la existencia de universos paralelos.

Cronología del Big Bang

13,7 miles de millones de años (después del Big Bang): ahora (temperatura T = 2.726 K).

200 millones de años: «reionización»; las primeras estrellas calientan e ionizan el gas hidrógeno (T = 50 K).

380.000 años: «recombinación»; el gas hidrógeno se enfría y forma moléculas (T = 3.000 K).

10.000 años: final de la era dominada por la radiación (T = 12.000 K).

1.000 segundos: descomposición de los neutrones solitarios (T = 500 millones K).

180 segundos: «nucleosíntesis»; formación de helio y otros elementos ligeros a partir del hidrógeno (T = 1.000 millones de K).

10 segundos: aniquilación de las parejas electrón-positrón (T = 5.000 millones K).

1 segundo: disociación de neutrinos (T = 10.000 millones K).

100 microsegundos: aniquilación de piones (T = 1 billón K).

50 microsegundos: « Transición de fase QCD»; los quarks se unen en neutrones y protones (T = 2 billones de K).

10 picosegundos: «fase de transición electrodébil»; la fuerza electromagnética y la fuerza débil se diferencian (T = 1–2 billones de billones de K).

Antes de este momento, las temperaturas eran tan altas que nuestro conocimiento de la física es incierto.

En el modelo del Big Bang, al contrario de lo que ocurre en el modelo estacionario, el universo evoluciona. El destino del cosmos está determinado mayoritariamente por el equilibrio entre la cantidad de materia que se mantiene unida por la gravedad y otras fuerzas físicas que la alejan, incluida la expansión del universo. Si la gravedad vence, la expansión del universo podría detenerse un día y empezar a contraerse de nuevo sobre sí mismo lo que provocaría un proceso que sería como un rebobinado del Big Bang, conocido como el Big Crunch. Así, los universos podrían pasar por muchos de estos ciclos de nacimiento y muerte. Por el contrario, si la expansión y otras fuerzas de repulsión (como la energía oscura) ganan, destrozarían todas las estrellas, galaxias y planetas, y nuestro universo podría acabar siendo un oscuro desierto de agujeros negros y partículas, en un Gran Frío. Por último, cabe citar el modelo en que las fuerzas de atracción y repulsión se equilibran y el universo sigue expandiéndose para siempre pero a un ritmo gradualmente más lento. La cosmología moderna apunta a que este último modelo es el más probable. Nuestro universo es simplemente el correcto.

La idea en síntesis: la explosión primordial

15 Fondo cósmico de microondas

El descubrimiento del fondo cósmico de microondas consolidó la teoría del Big Bang. Originado en el calor del universo más temprano, este mar de radiación electromagnética es resultado de una liberación de fotones que tuvo lugar hace 13.000 millones de años, cuando el espacio se volvió transparente y se formaron los átomos de hidrógeno.

En 1965, Arno Penzias y Robert Wilson descubrieron un resplandor templado en el cielo. Mientras trabajaban en su antena de radio de microondas en Nueva Jersey, los físicos de los laboratorios Bell descubrieron una tenue señal de calor que emanaba de todas direcciones y que no desaparecía. Al principio, supusieron que su origen era terrestre y pensaron que podía deberse a que las deposiciones de las palomas obstruían su antena sensible. No obstante, tras asistir a una conferencia del teórico de Princeton Robert Dicke, se dieron cuenta de que se habían dado de bruces con un enorme descubrimiento. La ola de calor que habían visto no provenía de la Tierra: tenía origen cósmico. Habían encontrado la luminiscencia predicha del Big Bang. Dicke, que había construido una antena de radio para observar la radiación de fondo, se mostraba un poco menos eufórico: «Chicos, nos han robado la primicia», bromeó.

Resplandor templado El fondo de microondas cósmico baña el cielo de una capa de calidez de unos 3 grados Kelvin (lo que equivale a 3 grados Celsius sobre el cero absoluto que corresponde a unos 273°C bajo cero). Los físicos del Big Bang predijeron con precisión sus características. Cuando el universo era joven, estaba extremadamente caliente y llegaba a alcanzar miles de grados K, pero conforme se expandía, se enfriaba. En la actualidad, debería estar a exactamente 2,73 K; y eso es lo que Penzias y Wilson descubrieron.

El fondo cósmico de microondas tiene la temperatura mejor definida de cualquier fuente. Ningún instrumento fabricado por el hombre en

Cronología

1901
Max Planck explica la radiación de los cuerpos negros usando los quanta

1948
Ralph Alpher y Robert Herman predicen un fondo cósmico de 5 K en su teoría

un laboratorio podría haberlo hecho mejor. El cielo emite microondas en una horquilla de frecuencia que alcanza picos de 160,2 GHz (1,9 mm de longitud de onda), y es un ejemplo perfecto de un «espectro de cuerpo negro», es decir, una franja de frecuencias característica emitida por algo que absorbe y emite calor perfectamente, como una estufa de gas. En 1990, el satélite Explorador del Fondo Cósmico de la NASA (COBE) mostró que el fondo cósmico de microondas es el ejemplo más perfecto de espectro de un cuerpo negro, si bien es cierto que es mucho más frío que un atizador al rojo vivo.

«El cambio raramente es cómodo.»

Arno Penzias

Dipolo Si se observa con cuidado, el cielo no está exactamente a la misma temperatura por todas partes. Las microondas parecen más templadas en un hemisferio que en otro, con una diferencia de 2,5 mili-Kelvin, o una milésima parte de K. Descubierto poco después de la propia radiación de fondo, este patrón de calor se conoce como el «dipolo», porque tiene dos polos, uno caliente y otro frío. Esta diferencia de temperatura se debe al efecto Doppler, producido por el movimiento de la Tierra: el sistema solar se mueve a 600 km/s en relación al universo.

Si se observa todavía desde más cerca, a un nivel de una parte por millón, comprobaremos que el cielo está salpicado de puntos calientes y fríos. Estas ondas son de gran interés para los astrónomos porque se formaron muy poco después del Big Bang. Las detectó por primera vez en 1992 el satélite COBE de la NASA, que reveló la existencia de numerosas manchas del tamaño de la Luna llena. En 2003, el satélite Wilkinson Microwave Anisotropy Probe (WMAP) nos proporcionó un mapa más detallado que nos descubrió que los puntos eran, a su vez, conglomerados de puntos más pequeños. Otro satélite, llamado Planck, volvió a medirlos con un detalle aún más exquisito.

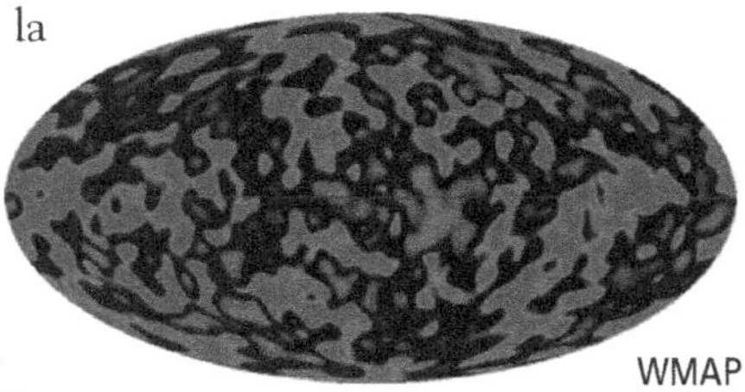

WMAP

COBE

Fluctuaciones Estas fluctuaciones del fondo cósmico de microondas se originaron cuando el universo era extremadamente caliente. Después del Big Bang, el cosmos

1965	1990	1992	2009
Penzias y Wilson observan el fondo cósmico de microondas	El satélite COBE de la NASA mide con precisión la temperatura del fondo cósmico de microondas	El COBE de la NASA descubre ondas cósmicas	Lanzamiento del satélite Planck de la ESA

se expandió y se enfrió; se formaron fotones, partículas subatómicas y, finalmente, protones y electrones. Los núcleos de los elementos ligeros primordiales, incluidos el hidrógeno y un poco de helio y litio, se formaron en tres minutos. En esta fase, el universo era una sopa de protones y electrones que se movían por todas partes. Estas partículas tenían carga eléctrica, es decir, estaban ionizadas (los protones tenían carga positiva y los electrones, negativa), pero los fotones rebotaban en las partículas cargadas, de manera que el universo muy temprano estaba cubierto por una niebla opaca.

El universo se siguió enfriando. Los protones y electrones empezaron a moverse lentamente, y después de unos 400.000 años, finalmente pudieron permanecer unidos y formar átomos de hidrógeno. A lo largo de ese periodo, las partículas cargadas se combinaron gradualmente, y la naturaleza de la sopa cósmica cambió, ya que pasó de estar ionizada a ser eléctricamente neutra. El universo se convirtió, entonces, en un mar de hidrógeno.

Cuando el universo quedó libre de partículas cargadas, los fotones pudieron viajar libremente. De repente, se pudo ver. Estos mismos fotones,

Radiación de un cuerpo negro

Los carbones de la barbacoa y los anillos de una estufa eléctrica se ponen rojos, naranjas y después amarillos conforme se calientan, llegando a alcanzar cientos de grados Celsius. El filamento de una bombilla de tungsteno desprende un brillo blanco cuando alcanza más de 3.000 grados Celsius, algo parecido a lo que ocurre en la superficie de una estrella. Cuando la temperatura aumenta progresivamente, el resplandor de los cuerpos calientes pasa de ser rojo a amarillo y finalmente se vuelve blanco azulado. Este abanico de colores se describe como radiación de un cuerpo negro porque los materiales oscuros pueden emitir o absorber calor.

Los físicos del siglo XIX tenían dificultades para explicar por qué se mantenía este patrón, independientemente de la sustancia que probaban. Wilhelm Wien, lord Rayleigh y James Jeans aportaron algunas soluciones parciales. No obstante, la solución de Rayleigh y Jeans era problemática porque predecía que se liberaría gran cantidad de energía en longitudes de onda ultravioletas y por encima de ellas, en un fenómeno que se denominó «catástrofe ultravioleta». Max Planck solucionó el problema en 1901 uniendo la física del calor y de la luz y descomponiendo la energía electromagnética en un conjunto de pequeñas unidades subatómicas del campo electromagnético llamadas «quanta». La idea de Planck plantó una semilla que crecería hasta convertirse en uno de los campos más importantes de la física moderna: la teoría cuántica.

> **«Solo han logrado realizar descubrimientos científicos y alcanzar el conocimiento científico quienes los han perseguido sin ningún propósito práctico.»**
>
> **Max Planck**

todavía más fríos, son los que conforman el fondo cósmico de microondas. En esta época, el universo estaba a una temperatura más o menos de 3.000 K, que correspondía a un desplazamiento hacia el rojo de un millar (z =1.000; ahora está unas 1.000 veces más frío, a unos 3 K).

Paisaje cósmico Los puntos calientes y fríos que salpican ese baño de protones aparecen debido a la materia del universo. Algunas regiones del espacio contienen más materia que otras, de manera que los protones que viajan a través de ellas pierden velocidad en diferentes grados, según su trayectoria. El patrón preciso de las fluctuaciones de las microondas nos indica que la materia estaba desigualmente distribuida antes de que se formara ninguna estrella o galaxia.

La escala típica de las zonas calientes también nos aporta mucha información. El tamaño más común es de un grado en el cielo, es decir, dos veces el diámetro de una Luna llena. Esta fue la predicción exacta que los teóricos hicieron analizando el patrón de materia en el universo actual y proyectándolo hacia atrás, teniendo en cuenta la expansión del universo. La ajustada coincidencia entre la proporción predicha y la observada implica que los rayos de luz deben viajar en línea recta a lo largo del universo. En consecuencia, los astrónomos afirman que el universo es «plano», pues los rayos no se doblan ni se curvan por distorsiones en el espacio-tiempo.

En resumen, el caso del fondo cósmico de microondas ha supuesto un gran triunfo para los teóricos. Hasta ahora han predicho sus características casi punto por punto. No obstante, existe la posibilidad de que los observadores descubran discrepancias y sugieran una nueva teoría física, tanto en los datos recogidos de los puntos calientes como a partir del satélite Planck, o en signos de polarización que surgen de experimentos que se están llevando a cabo en el polo Sur, en globos y con radiotelescopios especializados.

La idea en síntesis: el baño templado de fotones del universo

16 La nucleosíntesis del Big Bang

Los elementos más ligeros se formaron en los primeros minutos del joven y caliente universo en proporciones que confirman las predicciones de la teoría del Big Bang. Las cantidades de helio, litio y deuterio que se ven hoy en prístinas regiones del espacio son aproximadamente las esperadas según esa teoría, que también explica por qué estos elementos son tan sorprendentemente comunes en las estrellas. Los bajos niveles de deuterio, sin embargo, indican que el universo está lleno de formas exóticas de materia.

Una observación crítica que respalda la teoría del Big Bang es la abundancia de elementos ligeros en el universo. Las reacciones nucleares que tuvieron lugar durante la fase de bola de fuego caliente del Big Bang formaron los primeros núcleos atómicos en proporciones precisas. Los más pesados se formaron más tarde a partir de estos ingredientes iniciales mediante la combustión de los núcleos de las estrellas.

El hidrógeno es el elemento más común del universo y el mayor subproducto del Big Bang. Además, es el elemento más simple: un solo protón orbitado por un electrón. A veces se encuentra en una forma más pesada que recibe el nombre de deuterio y que consiste en un átomo de hidrógeno normal con un neutrón añadido, de manera que es dos veces más pesado; el tritio es una forma todavía más rara y se caracteriza porque tiene un segundo neutrón. El siguiente elemento es el helio, formado por dos protones, dos neutrones y dos electrones; y por último, el litio, con tres protones, cuatro neutrones, normalmente, y tres electrones. Todos ellos se crearon en el universo temprano en un proceso llamado nucleosíntesis.

Cocinando con gas Justo después de la explosión del Big Bang, el universo estaba tan caliente que era una sopa hirviente de partícu-

Cronología

1920

Arthur Eddington sugiere que las estrellas funcionan mediante un proceso de fusión

El artículo de Alpher, Bethe, Gamow

La teoría de la nucleosíntesis del Big Bang se publicó por primera vez en 1948, en un artículo al que se le quiso dar un toque de humor. Aunque Ralph Alpher y George Gamow se encargaron de solucionar sus elementos básicos, pidieron a Hans Bethe que se uniera a ellos por la similitud de sus apellidos con las tres primeras letras del alfabeto griego (alfa, beta, gamma). La broma sigue haciendo gracia entre los físicos.

las fundamentales. Conforme se expandía y se enfriaba, surgieron diferentes partículas, que finalmente producirían los habituales protones, neutrones y electrones que conforman los objetos de nuestro mundo. Cuando el universo solo tenía tres minutos de edad, su temperatura de miles de millones de grados era adecuada para que se crearan los núcleos de los elementos más ligeros. Los protones y neutrones podían chocar y pegarse para formar el deuterio, cuyos núcleos podrían seguir combinándose para producir helio. También se pudieron formar unas pequeñas cantidades de tritio, y un poco de litio, a partir de la unión del tritio con dos núcleos de deuterio.

Asumiendo que había cierto número de protones y neutrones disponibles en el caliente y joven universo para elaborar esta receta cósmica, las cantidades relativas de cada elemento ligero pueden predecirse a partir de las recetas de reacción nuclear. Alrededor de una cuarta parte de la masa de la materia original debió de acabar siendo helio; solo un 0,01 por 100, deuterio; y una parte todavía menor debió de convertirse en litio. El resto siguió siendo hidrógeno. Estas proporciones son más o menos las que vemos hoy, lo que supone un fuerte apoyo para el modelo de Big Bang.

«Esto es lo que suelo decir: cuando las cosas se ponen demasiado pesadas, llámame helio, el gas más ligero conocido por el hombre.»

Jimi Hendrix

Puzzles elementales La teoría de la nucleosíntesis, elaborada por los físicos Ralph Alpher, Hans Bethe y George Gamow en la década de los cuarenta del siglo XX, no solo aportaba pruebas que avalaban el modelo del Big Bang, sino que también resolvía los problemas surgidos al cotejar predicciones con las abundantes cantidades de ele-

1948
Alpher, Bethe y Gamow escriben su artículo sobre la nucleosíntesis primordial

1946-1954
Fred Hoyle explica la producción de elementos más pesados

1957
Burbidge, Burbidge, Fowler y Hoyle publican un famoso artículo sobre nucleosíntesis estelar

mentos ligeros que se había medido en las estrellas. Durante años, se había sabido que el helio y el deuterio especialmente eran más comunes de lo que podía justificarse mediante los modelos estelares de la época. Los elementos pesados se forman gradualmente en las estrellas por una fusión nuclear. El hidrógeno se quema para hacer helio, y las cadenas de otras reacciones forman carbono, nitrógeno y oxígeno y algunos otros elementos más. No obstante, el helio se forma lentamente, y se requiere buena parte de la vida de una estrella para elaborar una cantidad apreciable. Es imposible hacer deuterio en estrellas a través de los procesos normales de fusión, pues se destruye en las atmósferas estelares. No obstante, si se sumaban las cantidades añadidas que se crearon en el Big Bang, las incoherencias matemáticas quedaban resueltas.

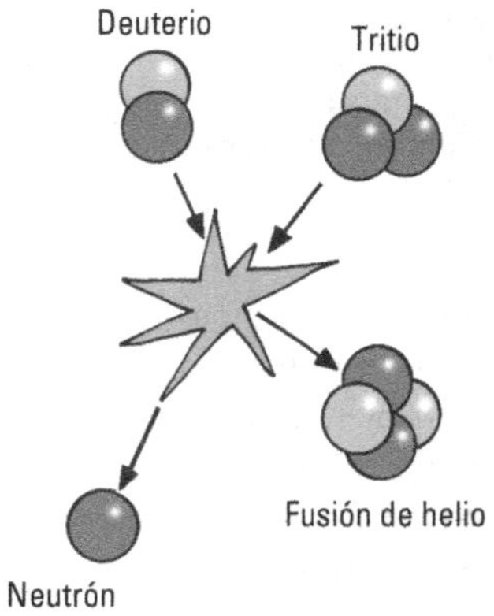

Para medir las proporciones primordiales de los elementos ligeros, los astrónomos tratan de localizar regiones prístinas del universo. Buscan estrellas antiguas que se quemen lentamente, y que están relativamente poco contaminadas por la producción y el reciclaje de elementos pesados posteriores.

También cabe la opción de buscar nubes de gas antiguas que hayan cambiado poco desde los primeros días del universo. En regiones remotas del espacio intergaláctico, lejos de los contaminantes galácticos, se pueden identificar esas nubes cuando absorben la luz de objetos distantes, como cuásares brillantes. Además, las huellas espectrales de las nubes de gas revelan su composición química.

Medición de la materia La medición de la cantidad de deuterio que se formó en el Big Bang proporciona un dato particularmente valioso. Como el deuterio se forma mediante reacciones nucleares poco usuales, su abundancia depende sensiblemente del número original de protones y neutrones que había en el joven universo. El hecho de que el deuterio sea tan raro implica que la densidad de estos primeros nucleones era baja, demasiado como para poder decir que todo lo que existe en el universo surgió de ellos. Por tanto, necesariamente tenía que haber otras formas de materia exótica presentes.

«Las cosas son como son porque eran como eran.»

Fred Hoyle

HANS BETHE (1906-2005)

Nacido en Estrasburgo, en la región de Alsacia-Lorena, Hans Bethe estudió y enseñó física teórica en las universidades de Frankfurt, Munich y Tubinga. Cuando los nazis llegaron al poder en 1933, perdió su puesto en la universidad y emigró, en primer lugar, a Inglaterra, y después, en 1935, a la universidad de Cornell en Estados Unidos. Durante la Segunda Guerra Mundial, fue director de la división teórica del laboratorio de Los Álamos, donde realizó cálculos que fueron decisivos para desarrollar las primeras bombas atómicas. Bethe fue un científico prolijo y solucionó muchos problemas de física. Recibió el Premio Nobel por su teoría de la nucleosíntesis estelar y también abordó otros temas de la astrofísica nuclear y de partículas. Más tarde, hizo campaña contra las pruebas de armas nucleares, junto a Albert Einstein, y su influencia fue decisiva para que la Casa Blanca firmara la prohibición de pruebas nucleares en la atmósfera en 1963 y, en 1972, el tratado de misiles antibalístico, SALT I. Freeman Dyson calificó a Bethe como el «supremo solucionador de problemas del siglo XX».

Las observaciones modernas de galaxias, de cúmulos galácticos y del fondo cósmico de microondas indican que hay tipos de materia ahí fuera que no se basan en protones y neutrones. Esta materia exótica es «oscura», no resplandece y, de hecho, representa la mayoría de la masa del universo. Puede estar hecha de partículas poco usuales, como neutrinos, o incluso agujeros negros. La abundancia de elementos de luz demuestra que la materia normal solo conforma un pequeño tanto por ciento de la masa total del universo.

La idea en síntesis: los primeros elementos ligeros

17 Antimateria

Las naves espaciales de la ciencia ficción funcionan a menudo con «motores de antimateria»; no obstante, la antimateria es real e incluso ha podido ser producida artificialmente en la Tierra. La antimateria puede definirse como una imagen especular de la materia con energía negativa que, en consecuencia, no puede coexistir durante mucho tiempo con la materia, ya que ambas se anularían si llegaran a entrar en contacto causando un resplandor de energía. Dado que el universo está lleno de materia, la antimateria es poco frecuente, lo que señala ciertos desequilibrios durante el Big Bang.

Mientras camina por la calle, se encuentra con una réplica de sí mismo: es su gemelo de antimateria. ¿Le daría la mano? La antimateria se predijo en los años veinte del siglo pasado, y se comprobó experimentalmente su existencia en la década siguiente. La antimateria puede describirse como la imagen reflejada en el espejo de la materia, es decir, sus partículas, energía y propiedades físicas son todas del signo contrario. Así, un antielectrón, llamado positrón, tiene la misma masa que el electrón, pero es de carga positiva; del mismo modo, los protones y las demás partículas tienen también sus correspondientes hermanos opuestos de antimateria.

Energía negativa Después de formular una ecuación para el electrón en 1928, el físico británico Paul Dirac vio que de ella se deducía la posibilidad de que los electrones pudieran tener tanto carga negativa como positiva. Igual que la ecuación $x^2 = 4$ tiene dos soluciones posibles, $x = 2$ y $x = -2$, Dirac se encontró con dos formas de resolver el problema: la energía positiva se esperaba, e iba asociada al electrón normal, pero la energía negativa no tenía sentido. No obstante, en lugar de pasar por alto ese dato extraño, Dirac sugirió que esas partículas pueden existir realmente. Ese estado complementario de la materia es la «anti» materia.

Antipartículas La caza de la antimateria empezó inmediatamente. En 1932, Carl Anderson confirmó la existencia de positrones experi-

Cronología

1928 Dirac deduce la existencia de la antimateria

1932 Anderson detecta el positrón

mentalmente. Seguía las huellas de chorros de partículas producidas por rayos cósmicos (partículas energéticas que estallan en la atmósfera, provenientes del espacio) cuando vio la pista de una partícula de carga positiva, con la masa del electrón, el positrón. Entonces, la antimateria dejó de ser una idea abstracta para ser real.

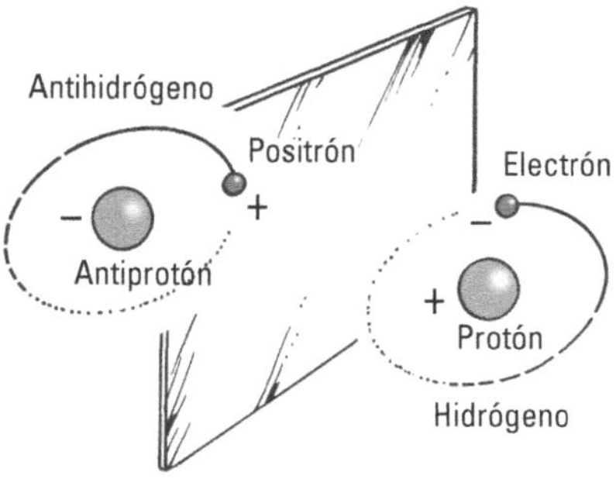

Tuvieron que pasar otras dos décadas hasta que se detectó la siguiente antipartícula: el antiprotón. Los físicos construyeron nuevos dispositivos de aceleración de partículas, que incrementaban mediante campos magnéticos las velocidades de partículas que viajan a través de ellos. Esos poderosos haces de protones acelerados produjeron suficiente energía para revelar la existencia del antiprotón en 1955. Poco después, se descubrió también el antineutrón.

En la Tierra, los físicos pueden crear antimateria en aceleradores de partículas, como los del CERN en Suiza o el Fermilab cerca de Chicago. Cuando los haces de partículas y antipartículas se encuentran, pueden aniquilarse el uno al otro provocando un relámpago de energía pura. La masa se convierte en energía según la ecuación de Einstein $E = mc^2$. Así que si se encuentra con su gemelo antimateria, recuerde que abrazarlo no es muy buena idea.

Asimetrías universales Si la antimateria se extendiera por todo el universo, el episodio de aniquilación descrito más arriba ocurriría continuamente. La materia y la antimateria se destruirían gradualmente la una a la otra en pequeñas explosiones. Dado que ese fenómeno no ocurre, es imposible que haya mucha antimateria a nuestro alrededor. De hecho, la materia normal es la única forma generalizada de partícula que vemos, por un margen muy grande. Por tanto, se puede concluir que, cuando el universo empezaba a crearse, algún de-

«La ciencia intenta explicar a la gente cosas que no se sabían antes, de una manera que todo el mundo lo pueda entender. La poesía hace exactamente lo contrario.»

Paul Dirac

1955 Se detectan los antiprotones

1965 Se produce el primer antinúcleo

1995 Se producen átomos de antihidrógeno

PAUL DIRAC (1902-1984)

Paul Dirac era un físico tan talentoso como tímido. La gente solía bromear diciendo que su vocabulario se limitaba a «Sí», «No», y «No lo sé». En una ocasión dijo: «En la escuela me enseñaron que nunca debía empezar una frase sin saber cómo iba a acabarla». Ahora bien, la locuacidad que le faltaba se compensaba con su capacidad para las matemáticas. Su tesis doctoral es famosa por ser impresionantemente corta y brillante, ya que presenta una nueva descripción matemática de la mecánica cuántica. Unificó parcialmente la teoría de mecánica cuántica y la teoría de la relatividad, y realizó trabajos importantes en el campo del monopolo magnético y de la predicción de la antimateria. Cuando recibió el Premio Nobel en 1933, su primera idea fue rechazarlo para evitar la publicidad, pero cambió de idea cuando le dijeron que, si se negaba a aceptarlo, aún atraería más la atención. Dirac no invitó a su padre a la ceremonia, posiblemente por la tensa relación que mantenían desde el suicidio de su hermano.

sequilibrio provocó que se produjera más materia normal que su opuesto de antimateria.

Como todas las imágenes especulares, las partículas y sus antipartículas están relacionadas a través de diferentes tipos de simetría. Uno de ellos es la simetría temporal. Debido a su energía negativa, las antipartículas son equivalentes matemáticamente a partículas normales que se mueven hacia atrás en el tiempo. Por tanto, un positrón puede considerarse como un electrón que viaja del futuro al pasado. La siguiente simetría se refiere a las cargas y otras propiedades cuánticas, que están invertidas en la antimateria. Una tercera simetría considera el movimiento a través del espacio. Los movimientos generalmente no se ven afectados si cambiamos la dirección de las coordinadas delimitando el campo del espacio. Es decir, una partícula que se mueve de izquierda a derecha parece igual que una que se mueve de derecha a izquierda, y apenas cambia si da vueltas en el sentido del reloj o al revés. Esta simetría de «paridad» se produce en la mayoría de las partículas, pero hay unos cuantos casos en los que no ocurre así. Los neutrinos, por ejemplo, solo pueden ser zurdos y dan vueltas en una sola dirección: no hay neutrinos diestros. En el caso de los antineutrinos, ocurre lo contrario: son todos diestros. Por tanto, la simetría de paridad puede romperse en ocasiones, aunque se mantiene una combinación de conjugación de carga y paridad, llamada simetría carga-paridad para abreviar.

«Lo opuesto de una afirmación correcta es una afirmación falsa; pero lo opuesto a una verdad profunda puede muy bien ser otra verdad profunda.»

Niels Bohr

«Por cada mil millones de partículas de antimateria, había mil millones de partículas de materia, y cuando la anulación mutua se completó, quedó una milmillonésima parte, y ése es nuestro universo actual.»

Albert Einstein

Tal y como los químicos saben que algunas moléculas prefieren existir en una sola versión, como una estructura zurda o una diestra, la razón de que el universo contenga mucha más materia que antimateria es un gran enigma. Solo una pequeña fracción de las cosas que hay en el universo, menos del 0,01 por 100, están hechas de antimateria. No obstante, el universo contiene también diversas formas de energía, entre las que se incluye una gran cantidad de fotones.

Por tanto, es posible que una gran cantidad tanto de materia como de antimateria se creara en el Big Bang, y que la mayoría se destruyera poco después, de manera que ahora solo pervive la punta del iceberg. Un minúsculo desequilibrio a favor de la materia sería suficiente para explicar su actual predominio. Solo 1 de cada 10.000.000.000 (10^{10}) partículas de materia lograron sobrevivir una milésima de segundo después del Big Bang, y las restantes fueron aniquiladas. La materia restante se preservó probablemente a través de una ligera asimetría de carga y paridad.

Las partículas que pudieron estar involucradas en esta asimetría, llamadas bosones X, no se han descubierto todavía. Se trata de unas partículas enormes que decaen desequilibradamente y crean una ligera sobreproducción de materia. Los bosones X pueden interaccionar con los protones y desaparecer, finalmente, en una niebla de partículas todavía más finas. No obstante, la buena noticia es que la escala temporal necesaria para que esto ocurra es muy larga. El hecho de que estemos aquí y que nadie haya visto a un protón degradarse, implica que los protones son muy longevos y que deben vivir al menos entre 10^{17} y 10^{35} años, o miles de miles de miles de millones de años, lo que supera con creces el tiempo transcurrido desde la creación del universo. Es cierto, no obstante, que esta teoría plantea la posibilidad de que, si el universo se hace muy viejo, la materia normal pueda llegar a desaparecer.

La idea en síntesis: imagen especular de la materia

18 Materia oscura

El 90 por 100 de la materia del universo no brilla, sino que es oscura. La materia oscura es detectable por su efecto gravitatorio, pero apenas interacciona con ondas de luz o materia. Los científicos creen que puede estar compuesta de MACHO, estrellas fallidas y planetas gaseosos, o WIMP, partículas exóticas subatómicas. La búsqueda de la materia oscura es la frontera salvaje de la física.

El término «materia oscura» suena exótico, y tal vez lo sea, aunque su definición es bastante mundana. La mayoría de las cosas que vemos en el universo brillan porque emiten o reflejan luz. Las estrellas titilan porque emiten fotones, y los planetas brillan porque reflejan la luz del Sol. Sin esa luz, simplemente no los vemos. Cuando la Luna pasa por la sombra de la Tierra, se queda a oscuras; cuando las estrellas se extinguen dejan cascarones demasiado tenues para verse; incluso un planeta tan grande como Júpiter sería invisible si pudiera liberarse y alejarse del Sol. Así que, a primera vista, quizás no sea una gran sorpresa que buena parte de las cosas que hay en el universo no brillen. Es materia oscura.

El lado oscuro Aunque no podemos ver la materia oscura directamente, podemos detectar su masa a través de su atracción gravitatoria sobre otros objetos astronómicos y también en los rayos de luz. Si no supiéramos que la Luna está donde está, podríamos inferir su presencia porque su gravedad seguiría tirando y perturbando ligeramente la órbita de la Tierra. Incluso hemos usado el bamboleo causado por la gravedad en una estrella madre para descubrir nuevos planetas alrededor de las estrellas lejanas.

En la década de los años treinta del siglo XX, el astrónomo suizo Fritz Zwicky se dio cuenta de que un cúmulo gigante cercano de galaxias se comportaba de manera que implicaba que su masa era mucho mayor que el peso de todas las estrellas de las galaxias que había en él. Dedujo que algún tipo de materia oscura desconocida era responsable de 400 veces el mismo material que la materia luminosa, estrellas brillantes y gas caliente, por todo el cúmulo. La gran cantidad de materia

Cronología

1933
Zwicky mide la materia oscura en el cúmulo Coma

1975
Vera Rubin demuestra que la materia oscura afecta a la rotación

oscura fue una gran sorpresa, lo que implicaba que la mayoría del universo no eran estrellas y gas, sino otra cosa. Entonces, ¿qué son esas cosas oscuras? ¿Y dónde se esconden?

A las galaxias espirales también les falta masa. El gas en sus regiones exteriores gira con más fuerza de lo que debería hacerlo si la galaxia pesara solo como la suma de las masas de todas las estrellas que contiene. Por tanto, ese tipo de galaxias son más grandes de lo que cabría esperar atendiendo solo a su luz. De nuevo, la materia oscura extra debe ser cientos de veces más abundante que las estrellas y el gas visibles. La materia oscura no solo se reparte entre las galaxias, sino que su masa es tan grande que domina los movimientos de cualquier estrella que esté entre ellas. La materia oscura incluso se extiende más allá de las estrellas, formando un «halo» o burbuja alrededor de cualquier disco de galaxia en espiral plana.

Incremento de peso Los astrónomos han localizado materia oscura no solo en galaxias individuales, sino también en cúmulos que contienen miles de galaxias unidas por su gravedad mutua, y en supercúmulos, cadenas de cúmulos de galaxias en una amplia red que se extiende por todo el espacio. La materia oscura se encuentra dondequiera que haya gravedad, a cualquier escala. Si sumamos toda la materia oscura, descubrimos que hay mucha más materia oscura que materia luminosa.

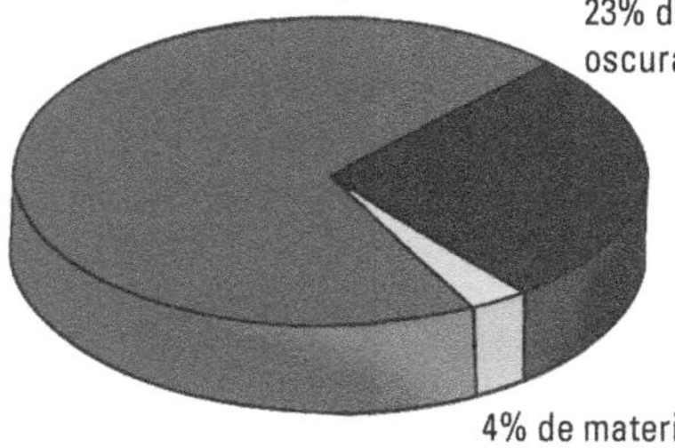

El destino de todo el universo depende de su masa total. La atracción de la gravedad sirve de contrapeso para la expansión del universo que siguió a la explosión del Big Bang. Hay tres posibles resultados. O bien el universo es tan masivo que la gravedad gana y acaba volviendo a contraerse sobre sí mismo (un universo cerrado que acaba con un Big Crunch), o hay demasiada poca masa y se expande para siempre (un universo abierto), o bien está equilibrado con gran precisión y la expansión disminuye gradualmente por la gravedad, pero en un proceso tan largo que nunca cesa. La última opción parece la mejor para

1998
Se deduce que los neutrinos tienen una masa pequeña, pero no nula

2000
Se detectan MACHO en la Vía Láctea

Cantidad de energía

Hoy sabemos que solo un 4 por 100 de la materia del universo está formada por bariones (la material normal que incluye protones y neutrones). Otro 23 por 100 es materia oscura exótica, que, con certeza, no está formada por bariones. Resulta más difícil saber de qué está hecha, pero podrían ser WIMP. El resto de la cantidad total de energía del universo consiste en algo totalmente diferente, es energía oscura (véase la p. 86).

nuestro universo: tiene precisamente la cantidad correcta de materia para disminuir la velocidad de su expansión sin llegar a detenerla.

WIMP y MACHO ¿De qué está compuesta la materia oscura? En primer lugar, podríamos encontrar nubes de gas oscuras, estrellas tenues y planetas sin iluminar. A todos ellos se los denomina MACHO, la siglas de Massive Compact Halo Objects (objeto astrofísico masivo de halo compacto). Por otro lado, la materia oscura podría estar formada por nuevos tipos de partículas subatómicas, llamados WIMP, de Weakly Interacting Massive Particles (partículas masivas débilmente interactivas), que no tendrían efectos en otra materia o en la luz.

Los astrónomos han descubierto MACHO vagando por nuestra propia galaxia. Como los MACHO son muy grandes, parecidos al planeta Júpiter, pueden detectarse individualmente por su efecto gravitatorio. Si un planeta grande de gas o una estrella fallida pasa por la parte trasera de una estrella, su gravedad hace que la luz estelar se curve a su alrededor.

La curvatura centra la luz justo cuando el MACHO está delante de la estrella, de manera que la estrella parece mucho más brillante en dicho momento. A este fenómeno se lo llama «lente gravitacional».

En términos de la teoría de la relatividad, el planeta MACHO provoca una distorsión en el espacio-tiempo, como si se presionara una pelota pesada sobre una lámina de goma, que hace que el frente de onda de la luz se curve a su alrededor (véase la p. 97). Los astrónomos han buscado este resplandor de las estrellas durante el paso de un MA-

«El universo está formado mayoritariamente por materia y energía oscura, y no sabemos de qué está formada ninguna de las dos.»

Saul Perlmutter

CHO frente a ellas sobre millones de estrellas de fondo, pero solo han descubierto unos cuantos estallidos, muy pocos para explicar la masa que falta de la Vía Láctea.

Los MACHO están hechos de material normal, o bariones, formados por protones, neutrones y electrones. El límite más ajustado de la cantidad de bariones que hay en el universo se obtiene rastreando el isótopo de hidrógeno pesado deuterio. El deuterio se produjo solo durante el propio Big Bang y no se formó posteriormente en las estrellas, aunque puede quemarse en su interior. Por tanto, midiendo la cantidad de deuterio en las nubes de gas primordial en el espacio, los astrónomos pueden calcular el número total de protones y neutrones que se hicieron en el Big Bang, porque el mecanismo para hacer deuterio se conoce con gran precisión. Resulta que esto es solo un pequeño tanto por ciento de la masa de todo el universo, de manera que el resto del universo debe estar formado por elementos totalmente diferentes, como las WIMP. La búsqueda de WIMP se sitúa ahora en el centro de atención. Como son de interacción débil, estas partículas resultan intrínsecamente difíciles de detectar. Un candidato es el neutrino. En la década pasada, los físicos han medido su masa y han descubierto que es muy pequeña pero superior a cero. Los neutrinos forman parte de la masa del universo, pero no toda. Así que todavía queda espacio para que haya más partículas exóticas ahí fuera, que esperan a ser detectadas, algunas de ellas nuevas para la física, como los axiones y los fotinos. Comprender la materia oscura puede ayudarnos a arrojar luz al mundo de la física.

Las partes exteriores de una galaxia espiral giran más rápido debido a la materia oscura

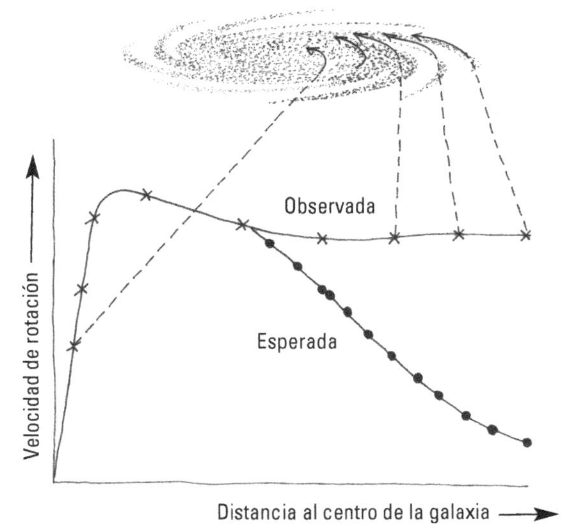

La idea en síntesis: el lado oscuro del universo

19 La inflación cósmica

¿Por qué el universo parece igual miremos hacia donde miremos? Y ¿por qué, cuando los rayos de luz paralelos cruzan el espacio, siguen siendo paralelos y nos permiten ver estrellas separadas? Se cree que la respuesta a estas preguntas es la teoría de la inflación, según la cual el universo al poco de nacer se hinchó tan rápido en solo una fracción de segundo que sus irregularidades desaparecieron y su expansión posterior equilibró exactamente la gravedad.

El universo en que vivimos es especial. Cuando lo miramos, vemos una clara disposición de estrellas y de galaxias lejanas sin ninguna distorsión. Sería muy fácil que fuera de otro modo. La teoría de la relatividad general de Einstein describe la gravedad como una lámina curvada de espacio y tiempo sobre la que los rayos de luz avanzan por sendas curvas (véase la p. 97). Por tanto, sería posible que los rayos de luz llegaran a mezclarse, y que el universo se nos apareciera como reflejos distorsionados en una galería de espejos. Pero, en general, al margen de la extraña desviación que sufren al rodear una galaxia, los rayos de luz tienden a viajar más o menos en línea recta por el universo, de manera que tenemos una perspectiva de todo el límite visible.

Planicidad Aunque la teoría de la relatividad define el espacio-tiempo como una superficie curva, los astrónomos describen a veces el universo como plano, lo que significa que los rayos de luz paralelos siguen siéndolo por muy lejos que viajen por el espacio, igual que ocurriría si viajaran a lo largo de un plano.

Podemos imaginar el espacio-tiempo como una lámina de goma; los objetos pesados que hunden la lámina y que están situados en baches representan la gravedad. En realidad, el espacio-tiempo tiene más dimensiones (al menos cuatro: tres de espacio y una de tiempo), pero es difícil representarlas. Desde la explosión del Big Bang, el tejido se ex-

Cronología

1981
Guth propone la teoría de la inflación

pande continuamente. La geometría del universo hace que la lámina permanezca casi plana, como un tablero con algunas pequeñas depresiones o subidas aquí y allá debido a los patrones de la materia. Por tanto, la trayectoria de la luz a lo largo del universo permanece relativamente inalterada, con excepción del extraño rodeo que describe alrededor de los cuerpos masivos. Si la materia fuera demasiada, acabaría hundiendo la lámina y plegándose sobre sí misma, invirtiendo el proceso de expansión. En ese escenario, los rayos de luz paralelos acabarían convergiendo. No obstante, si hubiera poca materia, y no ejerciera el suficiente peso sobre ella, la lámina del espacio-tiempo se expandiría sin cesar, acabaría desgarrándose y los rayos de luz paralelos divergirían al recorrerla. Sin embargo, nuestro universo parece encontrarse en un punto intermedio entre ambas posibilidades, puesto que tiene la suficiente materia para que el tejido del universo siga unido mientras se expande a un ritmo constante. Por tanto, el universo parece tener un preciso equilibrio.

Uniformidad Otra característica del universo es que parece a grandes rasgos igual miremos donde miremos. Las galaxias no se concentran en un punto, sino que están repartidas en todas las direcciones. Aunque al principio pueda no parecer algo sorprendente, sí es algo inesperado. El universo es tan grande que sus extremos opuestos no deberían poder comunicarse ni siquiera a la velocidad de la luz. A pesar de que solo existe desde hace 14.000 millones de años, el tamaño del universo supera los 14.000 millones de años luz, de manera que es imposible que la luz haya viajado de un lado al otro del universo, por mucho que alcance una velocidad mayor de la que puede alcanzar cualquier señal transmitida.

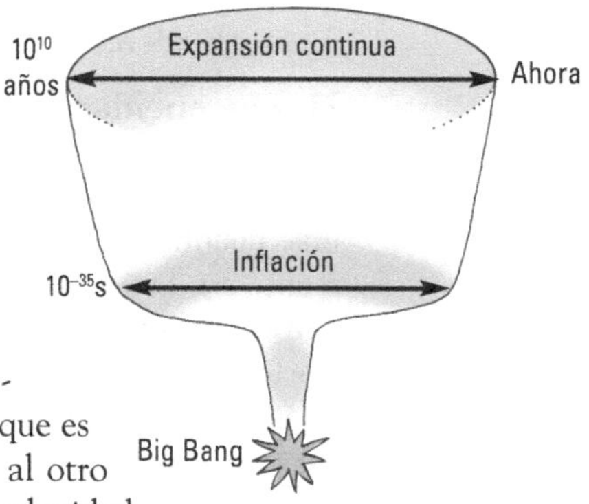

«Se dice que nadie regala nada, pero quizás el universo sea el ejemplo supremo que contradiga esa afirmación.»

Alan Guth

1992	2003
El satélite COBE de la NASA detecta puntos fríos y calientes en el fondo de microondas	El satélite WMAP traza un mapa del fondo de microondas cósmico

Geometría del universo

A partir de las últimas observaciones del fondo de microondas, como las realizadas por el satélite Wilkinson Microwave Anisotropy Probe (WMAP) entre 2003 y 2006, los físicos pudieron medir la forma del espacio-tiempo en todo el universo. Comparando los tamaños de las manchas calientes y frías del cielo de microondas con las longitudes que predecía la teoría del Big Bang, demuestran que el universo es «plano». Incluso durante un viaje por todo el universo que durara miles de millones de años, los haces de luz que sean paralelos al inicio, seguirán siéndolo siempre.

¿Cómo es posible, entonces, que un lado del universo sepa qué aspecto debería tener el otro? Nos encontramos ante el «problema del horizonte». En este caso, el término «horizonte» hace referencia a la distancia más lejana a la que ha viajado la luz desde el nacimiento del universo, marcando una esfera iluminada. Hay regiones del universo que no podemos ver, ni podremos hacerlo nunca, porque la luz proveniente de allí no ha tenido tiempo de llegar hasta nosotros.

Homogeneidad El universo es también bastante homogéneo. Las galaxias se reparten con una considerable uniformidad por el cielo. Si entrecerramos los ojos, forman un resplandor en lugar de agruparse en unas cuantas manchas grandes. De nuevo, no tenía que ser necesariamente así. Las galaxias han crecido a lo largo del tiempo debido a la gravedad. Empezaron siendo solo un punto ligeramente más denso en el gas resultante del Big Bang. Ese punto empezó a colapsarse debido a la gravedad, se formaron estrellas que finalmente dieron lugar a las galaxias. Las semillas originales del exceso de densidad que originaron las galaxias se deben a efectos cuánticos, es decir, a cambios minúsculos de las energías de las partículas en el universo caliente embrionario. No obstante, podrían haberse amplificado para formar grandes manchas de galaxias adquiriendo un aspecto parecido al de la piel de una vaca, en lugar del mar ampliamente repartido que vemos ahora. En definitiva, las galaxias están distribuidas formando muchas pequeñas colinas, en lugar de unas pocas cordilleras montañosas.

Estirón del universo Los problemas de la planitud, del horizonte y de la homogeneidad del universo pueden arreglarse con una sola idea: la inflación. Esa fue la solución que dio el físico norteamericano Alan Guth en 1981. El problema del horizonte, es decir, que el universo tiene el mismo aspecto miremos en la dirección que miremos, aunque sea demasiado grande como para saberlo, implica que en algún tiempo debió ser lo suficientemente pequeño como para que la luz pudiera comunicarse entre todas sus regiones. Como ya no ocurre

«Es fantástico darte cuenta de que las leyes de la física pueden describir cómo se creó todo en una fluctuación cuántica aleatoria a partir de la nada.»

Alan Guth

así, debió de inflarse rápidamente para ser el universo proporcionalmente más grande que vemos ahora. No obstante, este periodo de inflación debió de ser extraordinariamente rápido, mucho más que la velocidad de la luz. La expansión rápida, según la cual debió de doblar su tamaño una y otra vez en una fracción de segundo, difuminó las ligeras variaciones de densidad que habían grabado las fluctuaciones cuánticas, igual que una figura dibujada en un globo se vuelve más borrosa al hincharlo, y el universo se volvió cada vez más liso. El proceso inflacionario también estableció el consiguiente equilibrio entre la gravedad y la expansión posterior, continuando a un ritmo mucho más lento después. La inflación tuvo lugar casi inmediatamente después de la bola de fuego del Big Bang (unos 10^{-35} segundos después).

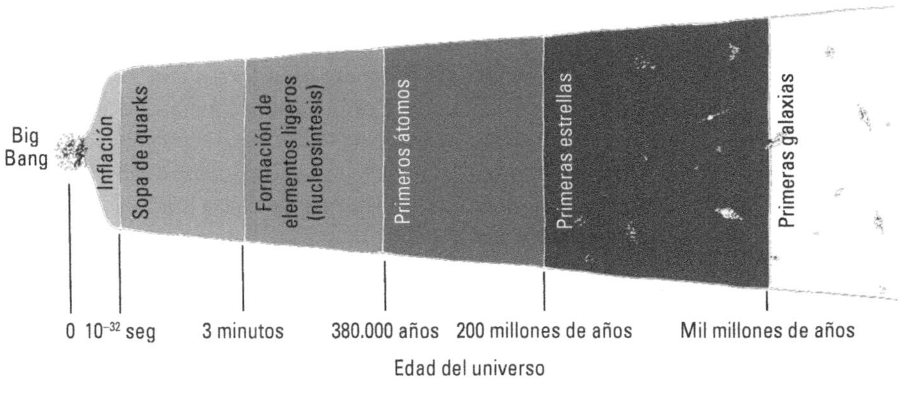

La inflación todavía no se ha demostrado y su causa primera no se entiende bien: hay tantos modelos como teóricos, pero comprenderla es uno de los objetivos de la siguiente generación de investigaciones cosmológicas, que incluirán la elaboración de mapas más detallados de la radiación del fondo cósmico de microondas y de su polarización.

La idea en síntesis: un estirón cósmico

20 Constante cosmológica

Albert Einstein creyó que añadir su constante cosmológica a las ecuaciones de la relatividad general fue su mayor error. El término permitía el aumento o el descenso del ritmo de expansión del universo para compensar la gravedad. Einstein no necesitó este número y lo abandonó. No obstante, nuevas pruebas surgidas en los años noventa del siglo XX requirieron su reintroducción. Los astrónomos descubrieron que una energía oscura misteriosa está haciendo que la expansión del universo se acelere, lo que nos llevaría a tener que reescribir la cosmología moderna.

Einstein pensaba que vivimos en un universo estacionario y rechazaba el modelo del Big Bang. No obstante, cuando intentó expresar esas ideas en ecuaciones, se encontró con un problema. Si solo existiera la gravedad, todo el universo acabaría reduciéndose a un solo punto, quizás a un agujero negro. Obviamente el universo real no es así, por lo que Einstein añadió otro término a su teoría para que sirviera de contrapeso a la gravedad, una especie de término repulsivo «anti-gravedad». Lo hizo básicamente para que las ecuaciones parecieran correctas, no porque conociera la existencia de dicha fuerza. No obstante, esta formulación planteó problemas inmediatamente.

Si existía un contrapeso de la gravedad, entonces, así como una gravedad excesiva podría causar un colapso, una fuerza antigravedad podría muy fácilmente amplificarse hasta provocar desgarros en zonas del universo que el pegamento de la gravedad no pudiera mantener unidas.

En lugar de aceptar la posibilidad de esas rupturas del tejido del universo, Einstein prefirió descartar ese segundo término y admitir que había cometido un error al introducirlo. Otros físicos también prefirieron excluirlo y relegarlo al olvido. O eso pensaron, porque el térmi-

Cronología

1915
Einstein publica la teoría general de la relatividad

«No obstante, nuestros resultados nos dan una curvatura positiva del espacio, aunque el término añadido [constante cosmológica] no se introduzca. Ese término solo es necesario para hacer posible una distribución de la materia casi estática.»

Albert Einstein

no volvió a aparecer en las ecuaciones de la relatividad, pero su valor, la constante cosmológica, se igualó a cero para neutralizarlo.

Un universo acelerado En la década de los noventa del siglo XX, dos grupos de astrónomos que se dedicaban a localizar supernovas en galaxias lejanas para medir la geometría del espacio descubrieron que las supernovas lejanas tenían un aspecto más tenue del que deberían. No obstante, hay muchos tipos de supernovas, explosiones brillantes de estrellas moribundas. Las supernovas de Tipo Ia tienen un brillo predecible y, por tanto, son útiles para deducir distancias. Igual que las estrellas cefeidas variables se usaron para medir las distancias a las que estaban las galaxias y establecer la ley de Hubble, el brillo intrínseco de las supernovas de Tipo Ia puede averiguarse a partir de sus espectros de luz y, a partir de él, calcular la distancia a la que están. Todo esto funcionaba sin problemas en el caso de las supernovas que estaban cerca, pero las supernovas más lejanas parecían demasiado tenues. Era como si estuvieran más lejos de nosotros de lo que deberían.

Conforme se descubrían nuevas supernovas más y más lejanas, la proporción entre el oscurecimiento y la distancia empezó a sugerir que la expansión del universo no era estacionaria, como indicaba la ley de Hubble, sino que se aceleraba. Este hallazgo provocó una profunda conmoción en la comunidad cosmológica y todavía plantea dudas sin resolver.

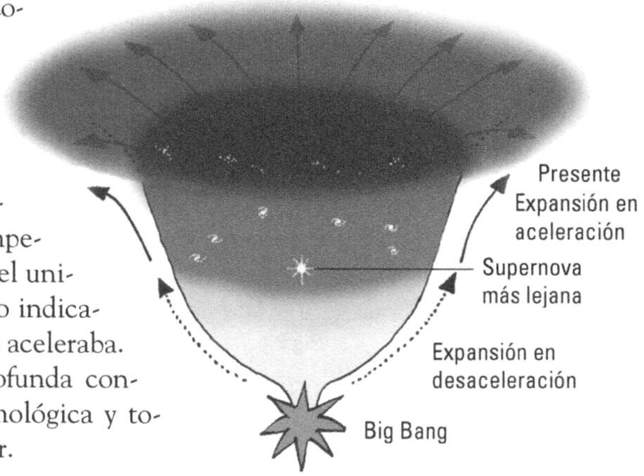

1929
Hubble demuestra que el espacio se expande y Einstein abandona su constante

1998
Los datos de las supernovas indican la necesidad de la constante cosmológica

«Durante 70 años, hemos intentado medir el ritmo al que la expansión del universo disminuye. Finalmente, conseguimos hacerlo, y descubrimos que está acelerando.»

Michael S. Turner

Los datos aportados por las supernovas encajaban bien con las ecuaciones de Einstein, pero solo cuando se incluía un término negativo y se subía la constante cosmológica de cero a 0,7. Los resultados de la supernova, unidos a otros datos cosmológicos como el patrón de radiación del fondo cósmico de microondas, indicaron que se necesitaba una nueva fuerza de repulsión que hiciera de contrapeso de la gravedad. No obstante, era una fuerza muy débil. Aún hoy sigue sin saberse por qué es tan débil, puesto que no hay ninguna razón particular para no darle un valor mucho mayor, de manera que sea más intensa que la gravedad. En lugar de eso, su fuerza es muy cercana a la de la gravedad y, por tanto, su efecto en el espaciotiempo es muy sutil. A este tipo de energía negativa se lo llama «energía oscura».

Energía oscura El origen de la energía oscura sigue siendo escurridizo. Solo sabemos que es una forma de energía asociada al vacío del espacio libre, que produce una presión negativa en regiones desprovistas de materia atraída por la gravedad y que causa, así, que las regiones vacías del espacio se inflen. Conocemos su fuerza solo a grandes rasgos por las observaciones de las supernovas, pero no sabemos mucho más. Desconocemos si es verdaderamente una constante (es decir, si tiene siempre el mismo valor en todo el universo y en todo momento, como ocurre con la gravedad y la velocidad de la luz), o si bien su valor cambia con el tiempo, de modo que pudiera haber tenido un valor diferente justo después del Big Bang del que tiene ahora o del que tendrá en el futuro. De forma más general, también se la ha llamado «quintaesencia» o quinta fuerza, para abarcar todos los posibles cambios que su fuerza pudiera presentar con el tiempo. No obstante, todavía no se sabe cómo se manifiesta esta fuerza escurridiza o cómo surge en la física del Big Bang. Es un tema de estudio candente para los físicos.

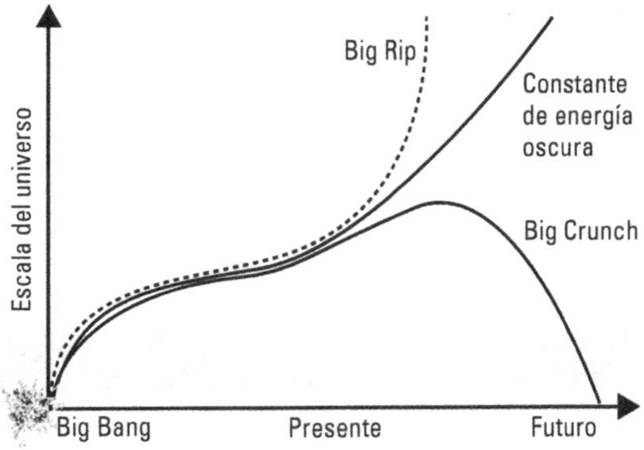

En la actualidad, tenemos una mejor comprensión de la geometría del universo y de todo aquello que lo conforma. El descubrimiento de la energía oscura ha devuelto el equilibrio a la contabilidad cosmológica, resolviendo los desajustes en la cantidad total de energía que hay en el

«[La energía oscura] Parece ser algo conectado al propio espacio, y contrariamente a la materia oscura, no gravita y su efecto es básicamente el contrario, pues actúa como un contrapeso de la gravedad, ya que provoca que el universo ejerza una fuerza de repulsión sobre sí mismo.»

Brian Schmidt

universo. Ahora sabemos que un 4 por 100 es materia bariónica, un 23 por 100, materia exótica no bariónica, y un 73 por 100, energía oscura. El resultado de la suma de estas cifras correspondería más o menos a las cantidades de materia y energía que esperaríamos encontrar en un universo que no sería ni abierto ni cerrado.

No obstante, debido a las misteriosas cualidades de la energía oscura, el comportamiento del universo en el futuro es difícil de predecir, a pesar de conocer su masa total. En última instancia, dependerá de si la influencia de la energía oscura aumenta en el futuro o no. Si es cierto que el universo se acelera, en el momento en el que nos encontramos, la energía oscura tiene solo el mismo peso que la gravedad. No obstante, en algún punto, la aceleración tendrá que aumentar y la mayor velocidad de expansión acabará sobrepasando a la gravedad. Por tanto, es perfectamente posible que el destino del universo sea expandirse para siempre y cada vez más rápido. Esta hipótesis ha llevado a imaginar algunos escenarios espantosos: una vez superada la gravedad, las estructuras grandes que no estén fuertemente unidas, se dividirán y se destruirán; al final, incluso las propias galaxias se desmoronarán y las estrellas se evaporarán en una niebla de átomos. En última instancia, la presión negativa podría destrozar también los átomos y reducirlos a un lúgubre mar de partículas subatómicas.

No obstante, aunque las piezas del rompecabezas cosmológico empiezan ahora a encajar, y conocemos ya muchos de los números que describen la geometría del universo, aún quedan grandes preguntas por responder. Seguimos sin saber en qué consiste el 95 por 100 de materia del universo o qué es realmente la quintaesencia. Así que todavía no es momento de dormirse en los laureles. El universo entraña todavía grandes misterios.

La idea en síntesis: la quinta fuerza

21 El principio de Mach

Debido a la gravedad, todo lo que hay en el universo atrae y es atraído por todo lo demás. Ernst Mach, un filósofo y físico austriaco, se planteó por qué los objetos lejanos influyen en las cosas cercanas que se mueven y giran. Es decir, ¿cómo es posible que las estrellas lejanas tiren de un niño en un tiovivo? Consiguió dar con el principio de que «la masa de allí influye en la inercia de aquí» cuando se preguntó cómo podemos estar seguros de si algo se mueve o no.

Cuando estamos en un tren en una estación y vemos por la ventana cómo se aleja un tren vecino al nuestro, observamos que puede ser difícil decir si nuestro propio tren empieza a salir de la estación o si el otro tren está llegando. Ese mismo fenómeno nos llevó a pensar incorrectamente durante siglos que el Sol orbitaba alrededor de la Tierra. Entonces, ¿hay algún modo que permita medir cuál de los dos se mueve?

Mach lidió con esta cuestión en el siglo XIX. Seguía los pasos de Isaac Newton, que creía, al contrario que Mach, que el espacio era un fondo absoluto. Como si se tratara de un papel cuadriculado, el espacio de Newton contenía una serie de coordenadas y trazó todos los movimientos como desplazamientos respecto a esas coordenadas. Mach, no obstante, no estaba de acuerdo y argumentaba que el movimiento solo era significativo si se medía respecto a otro objeto, en lugar de respecto a unas coordenadas abstractas. ¿Cómo puede algo moverse si no es respecto a otra cosa? En ese sentido, Mach, influido por las ideas tempranas del competidor de Newton, Gottfried Leibniz, fue un precursor de Albert Einstein al preferir pensar que solo los movimientos relativos tienen sentido. Mach argumentó que, como una pelota rueda del mismo modo si está en Francia o en Australia, la cuadrícula es irrelevante en el espacio. Lo único que puede afectar verdaderamente a cómo se mueve una pelota es la gravedad. Así, la pelota sí rodaría de

Cronología

c. 335 a. C.
Aristóteles afirma que los objetos se mueven por la acción de fuerzas

1640
Galileo formula el principio de inercia

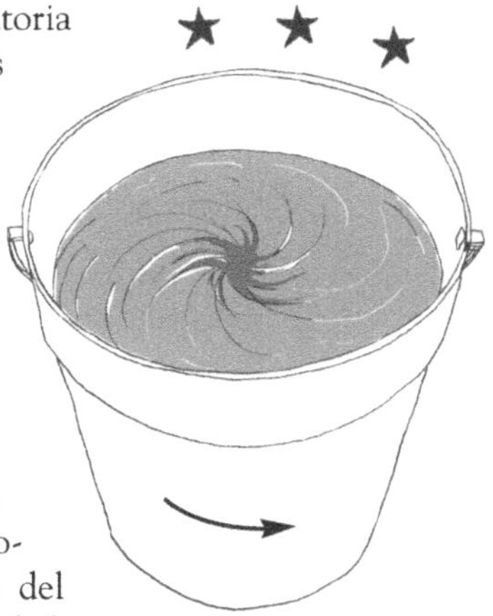

forma diferente en la Luna porque la fuerza gravitatoria que tira de su masa es más débil allí. Como todos los objetos del universo ejercen una atracción gravitatoria unos sobre otros, cada objeto sentirá la presencia de los otros a través de sus atracciones mutuas. Por tanto el movimiento debe depender en última instancia de la distribución de la materia, o de su masa, y no de las propiedades del espacio en sí mismo.

Masa ¿Qué es la masa exactamente? Es la medida de la materia que contiene un objeto. La masa de un trozo de metal sería igual a la suma de las masas de todos sus átomos. La masa se diferencia sutilmente del peso. El peso es una medida de la fuerza de la gravedad que tira de una masa hacia abajo: un astronauta pesa menos en la Luna que en la Tierra debido a que la fuerza gravitatoria ejercida por la Luna es menor, porque es más pequeña. No obstante, la masa del astronauta es la misma, porque el número de átomos que contiene no ha cambiado. Según Albert Einstein, que demostró que la energía y la masa son intercambiables, la masa puede convertirse en energía pura. Así que la masa es, en última instancia, energía.

Inercia Inercia, que proviene del vocablo que en latín significa «pereza», es muy similar a la masa pero nos dice lo difícil que es mover algo mediante la fuerza. Un objeto con una gran inercia opone resistencia al movimiento. Incluso en el espacio exterior, se requiere una fuerza elevada para moverlo. Se necesitaría un empujón enorme para desviar un asteroide rocoso que se dirigiera a la Tierra, tanto si lo causara una explosión nuclear o una fuerza menor aplicada durante más tiempo. En cambio, una nave espacial pequeña que tuviera menos inercia que el asteroide podría manejarse fácilmente con pequeños motores a reacción.

En el siglo XVII, el astrónomo italiano Galileo Galilei propuso el principio de inercia: si no se toca un objeto, y no se le aplica ninguna fuerza, su estado de movimiento no cambia. Si está en movimiento, continúa moviéndose a la misma velocidad y en la misma dirección. Si está en reposo, sigue estándolo. Newton refinó esta idea para definir su primera ley del movimiento.

1687	1893	1905
Newton publica su argumento del cubo	Mach publica la *Ciencia de la mecánica*	Einstein publica la teoría especial de la relatividad

El cubo de Newton Newton también codificó la gravedad. Vio que las masas se atraían unas a otras. Una manzana cae de un árbol al suelo porque la masa de la Tierra la atrae. Del mismo modo, la masa de la manzana atrae a la Tierra, pero es muy difícil medir el microscópico cambio de toda la Tierra respecto a la manzana.

Newton demostró que la fuerza de la gravedad disminuye rápidamente con la distancia, de manera que la fuerza gravitatoria de la Tierra es mucho más débil si estamos flotando a gran altura que sobre su superficie. No obstante, seguiríamos sintiendo la atracción de la Tierra, aunque reducida. Cuanto más nos alejemos, más débil se volvería, pero podría seguir influyendo en nuestro movimiento. De hecho, todos los objetos del universo pueden ejercer una fuerza gravitatoria que podría afectar ligeramente a nuestro movimiento.

Newton intentó comprender las relaciones entre los objetos y los movimientos reflexionando sobre un cubo de agua que gira. Al principio, cuando se hace girar el cubo, el agua sigue en reposo, aunque el cubo se mueva. Luego, el agua empieza también a girar y su superficie se vuelve cóncava, ya que el líquido intenta escapar subiendo por los lados, pero la fuerza de confinamiento del cubo se lo impide. Newton argumentó que los giros del agua solo podrían comprenderse si se consideraban en el marco fijo de referencia del espacio absoluto, sobre su cuadrícula. Podríamos decir si el cubo giraba simplemente con mirarlo, porque veríamos que las fuerzas que actúan sobre él volverían cóncava la superficie del agua.

Siglos después, Mach reconsideró el argumento. ¿Y si el cubo lleno de agua fuera lo único que hubiera en el universo? ¿Cómo podría saberse si el cubo giraba? ¿No sería también correcto decir que el agua rotaba

ERNST MACH (1838-1916)

Además de por el principio de Mach, el físico austriaco Ernst Mach es recordado por sus aportaciones a la óptica y acústica, a la fisiología de la percepción sensorial, a la filosofía de la ciencia y particularmente por su investigación sobre la velocidad supersónica. En 1877, publicó un artículo muy influyente que describía cómo un proyectil a una velocidad mayor que la del sonido produce una onda de choque, similar a un estela. Precisamente esta onda de choque en el aire es la responsable del estruendo que causa un avión supersónico. La razón entre la velocidad del proyectil, o avión, y la velocidad del sonido se llama número de Mach, de manera que Mach 2 es dos veces la velocidad del sonido.

«El espacio absoluto, con su propia naturaleza sin referencia a nada externo, siempre permanece homogéneo e inamovible.»

Isaac Newton, 1687

respecto al cubo? La única forma de solucionarlo sería colocar otro objeto en el universo del cubo, como la pared de una habitación o incluso una estrella lejana. Entonces veríamos claramente que el cubo giraría en relación a ese otro objeto. Sin embargo, si no teníamos el marco de la habitación estática y las estrellas fijas, ¿quién podría decir si giraba el cubo o si lo hacía el agua? Pues bien, cuando vemos el Sol y las estrellas describir un arco en el cielo ocurre lo mismo ¿Giran las estrellas o gira la Tierra? ¿Cómo podemos saberlo?

Según Mach, y Leibniz, necesitamos objetos externos que sirvan como referentes para poder dar sentido al movimiento. Por tanto, el concepto de inercia carecería de sentido si en el universo hubiera solo un objeto. Así que, si en el universo no hubiera estrellas, nunca sabríamos si es la Tierra la que gira: son las estrellas las que nos permiten saber que nosotros giramos en relación a ellas.

Las ideas del movimiento relativo, respecto al absoluto, que se expresan en el principio de Mach, sirvieron de inspiración a muchos físicos posteriores, entre los que destaca el célebre Einstein, que fue quien acuñó el nombre de «principio de Mach». Einstein elaboró sus teorías sobre la relatividad especial y general a partir de las ideas de Mach. Asimismo, también resolvió uno de los problemas principales de las ideas de Mach: ¿dónde estaban las nuevas fuerzas resultantes de la rotación y la aceleración? Einstein demostró que si todos los objetos del universo rotaban en relación a la Tierra, ejercerían una pequeña fuerza que provocaría que el planeta se bamboleara ligeramente.

La naturaleza del espacio ha asombrado a los científicos durante milenios. Los modernos físicos de partículas piensan que es un caldero hirviendo de partículas subatómicas que se crean y se destruyen continuamente. Es posible que la masa, la inercia, las fuerzas y los movimientos sean, después de todo, manifestaciones de una sopa cuántica burbujeante.

La idea en síntesis: la masa influye en el movimiento

22 Relatividad especial

Albert Einstein demostró en 1905 que se producen efectos extraños cuando las cosas se mueven a velocidades extremas. Si observamos un objeto que se acerque a la velocidad de la luz, veremos que se vuelve más pesado, su longitud se contrae y envejece más lentamente. Eso se debe a que nada puede superar la velocidad de la luz, de manera que el tiempo y el espacio se distorsionan para compensarse cuando se está a punto de alcanzar este límite universal de velocidad.

Es cierto que «en el espacio nadie puede oírte gritar»: las ondas del sonido pasan a través del aire, pero sus vibraciones no pueden transmitirse donde no haya átomos. Sin embargo, dado que vemos el Sol y las estrellas, la luz sí puede propagarse a través del espacio vacío. ¿Habría, entonces, que deducir que el espacio esta lleno de un medio especial, una especie de éter eléctrico, a través del cual se propagan las ondas electromagnéticas? Los físicos lo pensaban hasta más o menos finales del siglo XIX y creían que en el espacio había un gas o «éter» a través del cual se transmitía la luz.

La velocidad de la luz En 1887, no obstante, un famoso experimento demostró que el éter no existía. Como la Tierra se mueve alrededor del Sol, su posición en el espacio cambia continuamente. Albert Michelson y Edward Morley idearon un ingenioso experimento para detectar el movimiento de la Tierra respecto al éter, que debía estar fijo. Compararon el comportamiento de dos rayos de luz que viajaban por caminos diferentes, después de ser proyectados el uno contra el otro en ángulo recto y de volver tras reflejarse en espejos situados a una distancia exacta. Así, esperaban que los rayos de luz tardaran tiempos diferentes en realizar su trayecto, es decir, que se comportaran de forma similar a un nadador en un río: el nadador tarda menos tiempo en recorrer la distancia que va de una orilla a otra del río y volver, que en nadar la misma distancia, río arriba contra corriente, y volver después

Cronología

1887
Michelson y Morley no pueden verificar la existencia del éter

1893
Mach publica «la ciencia de la mecánica»

«La introducción de un éter lumínico es innecesaria puesto que [...] ni hay que introducir un espacio en reposo absoluto dotado de propiedades especiales, ni hay que asociar un vector de velocidad a un punto de espacio vacío en el que tengan lugar procesos electromagnéticos.»

Albert Einstein

hacia abajo, con la corriente a favor. Sin embargo, los resultados no mostraban diferencias: los rayos de luz volvían al punto de partida exactamente al mismo tiempo. No importa en qué dirección viajara la luz y cómo se moviera la Tierra, la velocidad de la luz no variaba. El movimiento no afectaba a la velocidad de la luz. El experimento probó que el éter no existía, pero Einstein fue el primero en darse cuenta.

Igual que el principio de Mach (véanse las pp. 91-92), esto significaba que no había ninguna cuadrícula de fondo sobre la que se movieran los objetos. Al contrario que las ondas de agua o de sonido, la luz parecía viajar siempre a la misma velocidad. Lo cual es extraño y bastante diferente a nuestra experiencia habitual, en que las velocidades se suman. Si conducimos un coche a 50 km/h y otro nos avanza a 65 km/h, es como si estuviéramos parados y otro vehículo que viajara a 15 km/h se nos adelantara.

No obstante, aunque vayamos a cientos de kilómetros por hora, la luz viaja siempre a la misma velocidad. Por tanto, da igual que encendamos una linterna sentados en un avión o en el sillín de una bicicleta: la luz siempre viajará a 300 millones de metros por segundo.

Esta velocidad fija de la luz desconcertó a Albert Einstein en 1905 y fue la clave que le permitió concebir su teoría especial de la relatividad. Aunque era un empleado de una oficina suiza de patentes al que nadie conocía, Einstein planteó las ecuaciones garabateando en sus momentos de ocio. La relatividad especial fue el mayor descubrimiento desde Newton, y una revolución para la física.

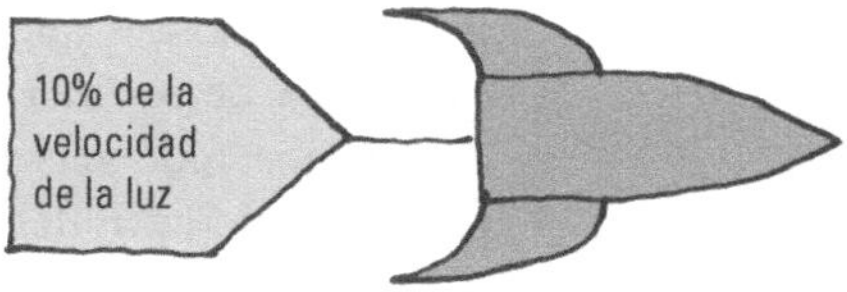

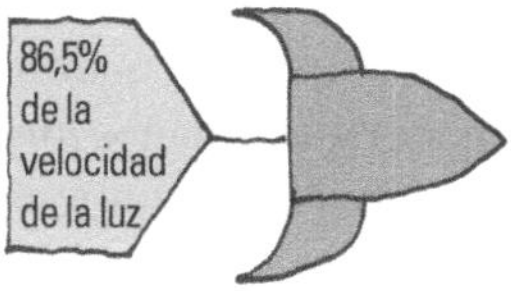

Einstein empezó suponiendo que la velocidad de la luz es un valor constante y que ac-

1905 Einstein publica la teoría especial de la relatividad

1915 Einstein publica la teoría de la relatividad general

1971 Se demuestra la dilación del tiempo con relojes volando en aviones

Paradoja de los gemelos

Imaginemos que la dilatación temporal se aplicara a los humanos. Si enviaran a su gemelo idéntico al espacio en una nave estelar, lo suficientemente rápido y durante el tiempo suficiente, envejecería más lentamente que usted en la Tierra. A su regreso, usted habría envejecido, mientras que él seguiría joven. Por muy imposible que parezca, no es una paradoja: el gemelo con el billete al espacio habría experimentado unas fuerzas poderosas que provocarían ese desfase.

Por este mismo cambio temporal, los sucesos simultáneos en un marco, no lo serían en el otro. Así como el tiempo disminuye, las longitudes se contraen. El objeto o la persona que se moviera a esa velocidad no notaría ninguno de los dos efectos, solo otro espectador podría apreciarlos.

túa igual ante cualquier observador, por muy rápido que éste se mueva. Einsten dedujo que si la velocidad de la luz no cambia, alguna otra cosa debía hacerlo en compensación.

Espacio y tiempo Siguiendo las ideas desarrolladas por Edward Lorentz, George Fitzgerald y Henri Poincaré, Einstein demostró que el espacio y el tiempo deben distorsionarse para acomodarse a los diferentes puntos de vista de observadores que viajen a una velocidad cercana a la de la luz. Las tres dimensiones del espacio y la del tiempo conforman un mundo con cuatro dimensiones en el que Einstein pudo ejercitar su vívida imaginación. La velocidad es la distancia dividida por el tiempo, de manera que para evitar exceder la velocidad de la luz, las distancias deberán reducirse para compensar. Por tanto, un cohete que se aleja de nosotros casi a la velocidad de la luz parece más corto y experimenta el tiempo más lentamente que nosotros.

Einstein descubrió que las leyes del movimiento podían adaptarse para observadores que viajaran a velocidades diferentes. Descartó la existencia de un marco de referencia estacionario, como el éter, y afirmó que todo movimiento era relativo y que no existía ningún punto de vista privilegiado. Así, si vamos en un tren y vemos que un tren se mueve a nuestro lado, puede que no sepamos si es nuestro tren el que arranca o bien es el otro. Además, aunque podamos ver que nuestro tren se mantiene parado respecto del andén, no podemos suponer que estamos inmóviles solo porque no nos movemos respecto al andén. No notamos el movimiento de la Tierra alrededor del Sol, del

«Lo más incomprensible del mundo es que sea comprensible.»

Albert Einstein

mismo modo que tampoco notamos el desplazamiento del Sol por nuestra propia galaxia, o la fuerza de atracción que Virgo, el enorme cúmulo de galaxias que está más allá de ella, ejerce sobre nuestra Vía Láctea. En definitiva, solo se experimenta el movimiento relativo.

«Es imposible viajar más rápido que la velocidad de la luz, y tampoco es recomendable porque podría volarse el sombrero.»

Woody Allen

Einstein denominó a estos diferentes puntos de vista sistemas de referencia inerciales y se definen como espacios que se mueven a una velocidad constante respecto a otro, sin experimentar aceleraciones o fuerzas. De manera que si vamos en un coche a 50 km/h, estamos en un sistema de referencia y notamos lo mismo que si viajáramos en tren a 100 km/h (otro sistema) o en un avión a 500 km/h (otro más). Einstein estableció que las leyes de la física son las mismas en todos los sistemas de referencia inerciales.

Más lento y pesado Einstein predijo que el tiempo disminuiría cuando un movimiento relativo se acercara a la velocidad de la luz, la máxima que puede alcanzar la materia. La dilatación del tiempo explica que relojes en diferentes sistemas de referencia inerciales avancen a velocidades diferentes. Este extremo se comprobó en 1971 enviando cuatro relojes atómicos idénticos en vuelos regulares dos veces alrededor del mundo, dos en dirección este, y otros dos, en dirección oeste. Al comparar sus horas con un reloj igual que había permanecido en la superficie de la Tierra, en Estados Unidos, constataron que los relojes que se habían movido habían perdido cada uno una fracción de segundo en comparación con el que había estado en tierra.

Otra forma de evitar que los objetos sobrepasen la barrera de la velocidad de la luz es que su masa crezca, según la ecuación $E = mc^2$. Un objeto se volvería infinitamente masivo si alcanzara la velocidad de la luz e imposibilitaría cualquier aceleración adicional. Nada que tenga masa puede alcanzar exactamente la velocidad de la luz, solo acercarse a ella. Conforme más cerca esté, más pesado y difícil resulta acelerarse. Como la luz está formada solo por fotones esto no le afecta.

La relatividad especial de Einstein supuso una ruptura radical respecto a la teoría anterior. Aunque Einstein era un científico desconocido cuando publicó sus ideas, el renombrado físico Max Planck leyó sus teorías, y quizás, gracias a su aprobación, el trabajo de Einstein fue aceptado y obtuvo la atención que se merecía.

La idea en síntesis: el movimiento es relativo

23 Relatividad general

Con la incorporación de la gravedad a su teoría de la relatividad especial, la teoría de Albert Einstein de la relatividad general revolucionó nuestra visión del espacio y el tiempo. Yendo más allá de las leyes de Newton, abrió las puertas a un universo de agujeros negros, agujeros de gusano y lentes gravitacionales.

Imaginemos que una persona salta desde un edificio alto, o que se lanza en paracaídas desde un avión, y la gravedad lo acelera hacia el suelo. Einstein se dio cuenta de que en este estado de caída libre no se experimenta gravedad. En otras palabras, no tendría peso. En la actualidad, los astronautas en sus entrenamientos recrean las condiciones de gravedad cero del espacio de este modo, volando en un avión a reacción (adecuadamente apodado el *Vomit Comet* —o Cometa del Vómito—) en una trayectoria propia de una montaña rusa. Cuando el avión vuela hacia arriba, los pasajeros se quedan pegados a sus asientos porque experimentan fuerzas mayores que la gravedad. Cuando después se inclina hacia delante y cae en picado hacia abajo, son liberados del tirón de la gravedad y pueden flotar dentro del aparato.

Aceleración Einstein comprendió que esta aceleración era equivalente a la fuerza de la gravedad. Por tanto, igual que la relatividad especial describe lo que ocurre en sistemas referenciales, o sistemas de inercia, que se mueven a velocidad constante en relación a otro, la gravedad era la consecuencia de estar en un sistema referencial que se acelera. Einstein afirmó después que éste había sido el pensamiento más feliz de su vida.

Durante los años siguientes, Einstein exploró las consecuencias de su hallazgo. Discutiendo sus ideas con colegas de confianza y usando los formalismos matemáticos más recientes para resumirlas, confeccionó la teoría completa de la gravedad a la que llamó teoría de la relatividad general. El año en que publicó el trabajo, 1915, resultó ser especialmente ajetreado, y casi inmediatamente después la revisó varias

Cronología

1687
Newton propone su teoría de la gravitación

1905
Einstein publica la teoría especial de la relatividad

«El tiempo, el espacio y la gravitación no existen por separado de la materia.»

Albert Einstein

veces. Sus compañeros estaban asombrados por sus avances. La teoría incluso produjo extrañas predicciones que después pudieron comprobarse, entre ellas, la idea de que un campo gravitacional podía desviar la luz, y también que la órbita elíptica de Mercurio rotaría lentamente debido a la gravedad del Sol.

Espacio-tiempo En la teoría general de la relatividad, las tres dimensiones del espacio y la del tiempo se combinan en una cuadrícula cuatridimensional del espacio-tiempo, o métrica. La velocidad de la luz sigue siendo fija y nada puede sobrepasarla. Cuando se mueve y se acelera, la métrica del espacio tiempo se distorsiona para mantener fija la velocidad de la luz.

Entenderemos mejor la relatividad general si imaginamos el espacio tiempo como un lámina de goma tensada en un marco horizontal. Los objetos con masa actúan igual que si pusiéramos pelotas pesadas encima de la lámina, esto es, deforman el espacio-tiempo a su alrededor. Si ponemos sobre la lámina una pelota que represente la Tierra, veremos que causa una depresión en la lámina de goma donde se apoya. Si entonces lanzáramos una pelota más pequeña, como un asteroide

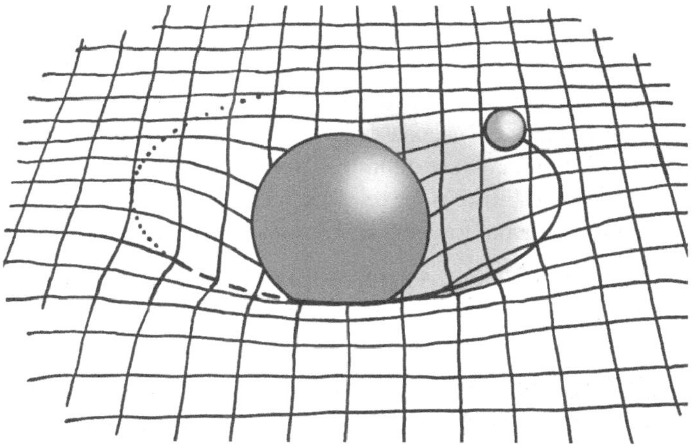

1915
Einstein publica la teoría general de la relatividad

1919
Observaciones durante un eclipse confirman la teoría de Einstein

Década de 1960
Se observan agujeros negros en el espacio

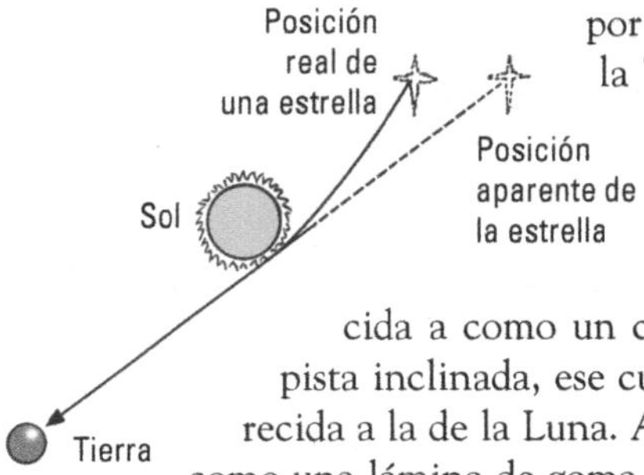

por ejemplo, rodaría por la pendiente hacia la Tierra. Eso demuestra lo que ocurre con la gravedad. Si la pelota más pequeña se moviera lo suficientemente rápido y la depresión de la Tierra fuera lo suficientemente profunda, de forma parecida a como un ciclista temerario corre alrededor de una pista inclinada, ese cuerpo establecería una órbita circular parecida a la de la Luna. Así, podemos imaginar el universo entero como una lámina de goma gigante. Cada uno de los planetas, de las estrellas y las galaxias causan una depresión que puede atraer o desviar objetos más pequeños que pasen por su lado, igual que las pelotas ruedan por encima de las subidas y bajadas de un campo de golf.

Einstein comprendió que debido a la deformación del espacio-tiempo, la luz se desviaría al pasar cerca de un cuerpo masivo, como el Sol. Predijo que la posición de una estrella observada justo detrás del Sol cambiaría un poco porque su luz se desvía cuando pasa junto a la masa del Sol. El 29 de mayo de 1919, los astrónomos del mundo se reunieron para comprobar las predicciones de Einstein durante la observación de un eclipse total del Sol. Resultó ser uno de sus mejores momentos, pues se demostró que la teoría que algunos consideraban una locura, en realidad, se acercaba mucho a la realidad.

Distorsiones y agujeros La curvatura de los rayos de luz se ha confirmado con luz que ha atravesado el universo. La luz de las galaxias muy lejanas claramente se desvía cuando pasa junto a una región enorme como un cúmulo gigante de galaxias o una galaxia muy grande. El punto de luz de fondo se difumina y forma un arco. Como este fenómeno es análogo al funcionamiento de una lente, recibe el nombre de lente gravitatoria. Si la galaxia de fondo está justo detrás de un objeto pesado intermedio, la luz se difumina y forma un círculo completo, llamado el anillo de Einstein. El telescopio espacial Hubble nos ha permitido realizar muchas fotografías preciosas de este espectáculo.

La teoría de la relatividad general de Einstein se aplica habitualmente para describir todo el universo. El espacio-tiempo se concibe como un

«Cuando un hombre pasa una hora acompañado de una chica guapa, le parece un minuto, pero si se sienta encima de una estufa caliente durante un minuto, le resultará más largo que una hora. Eso es la relatividad.»

Albert Einstein

Las ondas gravitatorias

Otro aspecto de la relatividad general es que pueden producirse ondas en la lámina del espacio-tiempo, producidas especialmente por agujeros negros y estrellas densas compactas que giran, como púlsares. Los astrónomos han observado que la frecuencia de giro de los púlsares puede ir disminuyendo y creen que han podido perder su energía al producir ondas de gravedad, pero esas ondas todavía no se han detectado. Los físicos están construyendo gigantescos detectores en la Tierra y en el espacio que usarán el balanceo de rayos láser extremadamente largos para descubrir las ondas cuando pasen. Si las ondas de gravedad llegaran a detectarse, la teoría general de la relatividad recibiría otro espaldarazo.

paisaje con colinas, valles y baches. Hasta ahora, la relatividad general ha superado todas las pruebas observacionales. Las regiones donde mejor se puede verificar son aquellas con una gravedad especialmente fuerte, o bien, muy débil.

Los agujeros negros (véase la p. 100) son pozos extremadamente profundos en el plano del espacio-tiempo. Son tan profundos y bruscos que cualquier cosa que se acerque lo suficiente puede caer en su interior, incluso la luz. Señalan agujeros, o singularidades, en el espacio-tiempo. El espacio-tiempo también puede distorsionarse y provocar agujeros de gusano, o tubos, pero nadie ha visto realmente algo así.

En el otro extremo, si la gravedad es muy débil, podríamos esperar que se dividiera en pequeños quanta, de forma parecida a la luz, que está formada por fotones individuales. No obstante, todavía nadie ha visto que la gravedad se descomponga en partículas granulares. Aunque se están desarrollando teorías cuánticas, sin ninguna prueba que las respalde, sigue sin conseguirse la unificación de la teoría cuántica y de la gravedad. Einstein dedicó el resto de su carrera a hacer realidad esa esperanza, pero no lo consiguió, de modo que el reto sigue vigente.

La idea en síntesis: distorsión del espacio-tiempo

24 Agujeros negros

Caer en un agujero negro no resultaría nada placentero: nos despedazaría mientras a nuestros amigos les parecería que nos hemos quedado congelados en el momento justo en que entramos en el agujero. Los agujeros negros se imaginaron en primer lugar como estrellas congeladas cuya velocidad de escape excede a la de la luz, pero ahora se consideran agujeros o «singularidades» en el plano de Einstein del espacio-tiempo. Los agujeros negros gigantes son totalmente reales y suelen estar en los centros de las galaxias, incluida la nuestra, mientras que otros más pequeños salpican la galaxia como los fantasmas de estrellas muertas.

Si lanzamos una pelota al aire, consigue alcanzar cierta altura y después vuelve a caer al suelo. Cuanto más rápido la lanzamos, más alto llegará. Si la lanzáramos lo suficientemente rápido, escaparía de la gravedad de la Tierra y saldría zumbando al espacio. La velocidad necesaria para conseguirlo, llamada la «velocidad de escape», es de 11 km/s (unos 39.600 km/h). Un cohete debe alcanzar esa velocidad si pretende escapar de la Tierra. La velocidad de escape es menor en la Luna, porque es más pequeña que nuestro planeta: con 2,4 km/s sería bastante; paralelamente, en un planeta mayor, la velocidad de escape sería mayor. Si ese planeta fuera lo suficientemente masivo, la velocidad de escape podría llegar a alcanzar o exceder la velocidad de la luz, y entonces, ni siquiera la luz podría escapar de su atracción gravitatoria. Un objeto tan grande y denso que ni siquiera la luz pueda escapar de él se llama agujero negro.

Horizonte de sucesos En el siglo XVIII, el geólogo John Michell y el matemático Pierre-Simon Laplace desarrollaron el concepto de agujero negro. Posteriormente, después de que Einstein planteara sus teorías de la relatividad, Karl Schwarzschild resolvió el problema de cómo sería un agujero negro. En la teoría de Einstein de la relatividad general, el espacio y el tiempo están unidos y se comportan como una enorme lámina de goma. La gravedad distorsiona ese plano según la

Cronología

1784
Michell deduce la posibilidad de estrellas oscuras

Década de 1930
Predicción de la existencia de estrellas congeladas

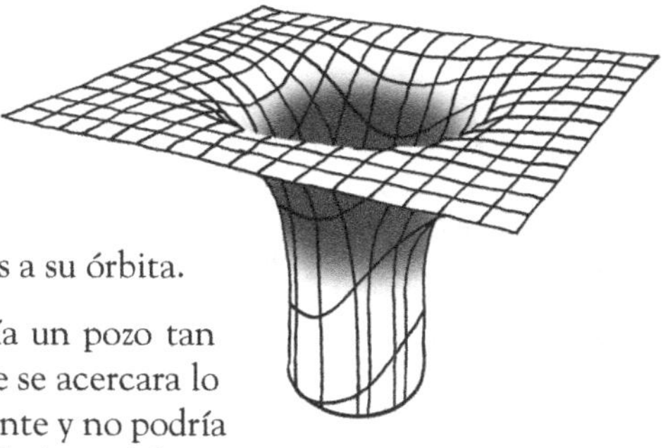

masa de los objetos. Un planeta pesado está situado en un socavón del espacio-tiempo y su tirón gravitacional es equivalente a la fuerza que sentiríamos al rodar por el socavón, distorsionando nuestro camino o incluso atrayéndonos a su órbita.

Entonces, ¿qué es un agujero negro? Sería un pozo tan profundo y abrupto que cualquier cosa que se acercara lo suficiente a su pendiente caería directamente y no podría volver a salir. Es decir, es un agujero en el plano del espacio-tiempo, parecido a una red de baloncesto (de la que nunca podríamos sacar la pelota).

Si pasamos lejos de un agujero negro, nuestra trayectoria se curvaría hacia él, pero no necesariamente caeríamos en él. No obstante, si nos acercáramos demasiado, seríamos absorbidos a su interior. Eso mismo le ocurriría a un fotón de luz. La distancia crítica que determina que ocurra una cosa u otra se llama «horizonte de sucesos». Cualquier cosa que esté dentro del horizonte de sucesos, incluida la luz, caerá en el agujero negro.

El proceso que se sufre al caer en el agujero negro se ha descrito como una espaguetización. Como sus bordes son tan abruptos, la gravedad en esa pendiente es muy fuerte, de manera que si al caer metiéramos primero un pie, y esperemos que nunca nos veamos en una situación así, la gravedad tiraría más fuerte del pie que de la cabeza, y el cuerpo se estiraría como si estuviera en un potro de tortura. Añadamos a eso un movimiento de giro y acabaríamos convertidos en un chiclé o en una maraña de espaguetis. Desde luego no parece una buena opción. Algunos científicos han pensado incluso en maneras de proteger al desdichado que tuviera la mala suerte de tropezarse con un agujero negro. Al parecer, una forma sería ponerse un aro salvavidas muy pesado. Si tuviera el peso y la densidad suficiente, haría de contrapeso de la gravedad y preservaría nuestra integridad y nuestra vida.

Estrellas congeladas En 1967, John Wheeler acuñó el nombre «agujero negro» como una alternativa más pegadiza al de estrella congelada. En los años treinta del siglo XX, las teorías de Einstein y Schwarzschild predijeron la existencia de dichas estrellas congeladas.

1965	1967	Década de 1970
Descubrimiento de los cuásares	Wheeler rebautiza las estrellas congeladas como agujeros negros	Hawking propone que los agujeros negros se evaporan

Evaporación

Por muy extraño que pueda parecer, los agujeros negros acaban evaporándose. En los años setenta del siglo xx, Stephen Hawking sugirió que no son completamente negros, sino que radian partículas por efectos cuánticos. La masa se pierde gradualmente de este modo, y así el agujero negro se encoge hasta que desaparece. La energía del agujero negro continuamente crea parejas de partículas con sus correspondientes antipartículas, después, a veces una de las partículas puede escapar incluso aunque las demás caigan. Para un observador exterior, el agujero negro parece emitir partículas, fenómeno que recibe el nombre de radiación de Hawking. Esta radiación de energía hace que el agujero disminuya. Esta idea es todavía puramente teórica, y nadie sabe realmente qué le ocurre a un agujero negro. El hecho de que sean relativamente comunes indica que el proceso requiere bastante tiempo, así que los agujeros siguen esperando.

Debido al extraño comportamiento del espacio y el tiempo cerca del horizonte de sucesos, la materia brillante que cayera en él parecería ralentizarse al hacerlo, debido a que las ondas de luz tardarían cada vez más en llegar hasta el posible observador. Una vez que el material cruzara el horizonte de sucesos, el observador situado al otro lado vería realmente detenerse el tiempo, de manera que la materia parecería congelarse en el momento mismo que cruzara el horizonte. De ahí que la estrella parezca congelada justo en el momento de su colapso en el horizonte de sucesos, tal y como se predijo.

El astrofísico Subrahmanyan Chandrasekhar predijo que el destino último de las estrellas con una masa 1,4 veces mayor que la del Sol es colapsar formando un agujero negro; no obstante, debido a las leyes de la física cuántica, sabemos que las estrellas enanas blancas y de neutrones pueden resistir su colapso, de manera que se necesitan estrellas con una masa tres veces mayor que la del Sol para que se formen agujeros negros. Las pruebas que confirmaron la existencia de estas estrellas congeladas, o agujeros negros, no se descubrieron hasta la década de los sesenta del siglo xx.

Ahora bien, si los agujeros negros chupan la luz, ¿cómo podemos saber que existen? Hay dos modos. En primer lugar, pueden verse por

«Los agujeros negros de la naturaleza son los objetos macroscópicos más perfectos que hay en el universo: los únicos elementos que los constituyen son nuestros conceptos del espacio y el tiempo.»

Subrahmanyan Chandrasekhar

«Dios no solo juega a los dados, sino que a veces los lanza adonde no podemos verlos.»

Stephen Hawking

cómo atraen los objetos hacia ellos. Y en segundo lugar, cuando el gas cae a su interior, se calienta y brilla antes de desaparecer. El primer método se ha usado para identificar un agujero negro que acecha en el centro de nuestra propia galaxia. Se ha observado que las estrellas que pasan cerca de él se mueven rápidamente y salen describiendo órbitas alargadas. El agujero negro de la Vía Láctea tiene la masa de un millón de soles, y está aplastado en una región con un radio de solo 10 millones de kilómetros (30 segundos luz) más o menos. Los agujeros negros que están en las galaxias se denominan agujeros negros supermasivos. No sabemos cómo se formaron, pero, dado que parecen afectar al crecimiento de las galaxias podrían haber estado allí desde el primer día, o quizás surgieron a partir de millones de estrellas que colapsaron en un punto.

La segunda manera de ver un agujero negro es mediante la luminosidad generada por un gas caliente al caer en su interior. Los cuásares, los objetos más luminosos del universo, brillan debido al gas que agujeros negros supermasivos absorben en los centros de lejanas galaxias. Los agujeros negros más pequeños, de pocas masas solares, pueden identificarse también mediante los rayos X emitidos por el gas que cae hacia ellos.

Agujeros de gusano ¿Qué hay en el fondo de un agujero negro de la lámina del espacio-tiempo? Se supone que los agujeros negros simplemente acaban de forma extremadamente puntiaguda, es decir, son verdaderamente agujeros, perforaciones en la lámina. No obstante, los teóricos se han preguntado qué ocurriría si un agujero negro estuviera conectado con otro. Esos dos agujeros negros cercanos tendrían el aspecto de dos tubos colgando de la lámina del espacio-tiempo, y si esos tubos se unieran entre sí, se podría formar un agujero de gusano entre las bocas de ambos agujeros negros. Equipado con nuestro «salvavidas», podríamos saltar a un agujero negro y aparecer por el otro. Esta idea se ha usado mucho en ciencia ficción para explicar la posibilidad de viajar a través del tiempo y el espacio. Quizás el agujero de gusano sea la puerta de entrada a un universo completamente diferente. Las posibilidades de renovación del universo son infinitas, pero no hay que olvidar el salvavidas.

La idea en síntesis: trampas para la luz

25 Astropartículas

El espacio está sembrado de partículas, que campos magnéticos cósmicos aceleran hasta energías inmensas. Los físicos, limitados por su ubicación terrestre, intentan hacer lo mismo con sus modestas máquinas de fabricación humana. La detección de rayos cósmicos, neutrinos y otras partículas exóticas del espacio nos ayudará a explicar de qué está compuesto el universo.

Desde la época de la antigua Grecia, el hombre ha pensado que los átomos eran el elemento de construcción básico del universo. Ahora sabemos mejor cómo funcionan las cosas. Los átomos pueden dividirse y están compuestos por electrones ligeros de carga negativa, que orbitan alrededor de un núcleo con carga positiva formado por protones y neutrones. Estas partículas pueden también dividirse, y la física moderna ha revelado la existencia de un zoo de partículas, que construyeron el universo a partir del Big Bang.

Desmontando átomos En 1887, Joseph John Thomson consiguió liberar por primera vez los electrones de los átomos en el laboratorio, lanzando una corriente eléctrica a través de un tubo de vidrio lleno de gas. No mucho después, en 1909, Ernest Rutherford descubrió el núcleo, cuya denominación proviene de la palabra latina que designa la semilla de un fruto seco. Cuando lanzó una corriente de partículas alfa (una forma de radiación que consiste en dos protones y dos neutrones) sobre una lámina de oro, se sorprendió al descubrir que una pequeña fracción de ella rebotaba de nuevo hacia él después de haber golpeado algo compacto y duro en el centro del átomo de oro.

Aislando el núcleo de hidrógeno, Rutherford identificó los protones en 1918. No obstante, emparejar las cargas y los pesos de otros elementos resultó más difícil. A principios de la década de los treinta del siglo xx, James Chadwick descubrió el ingrediente que faltaba: el neutrón, un partícula neutra con una masa prácticamente igual a la del protón. Entonces, pudo explicarse los pesos de los diversos elementos,

Cronología

400 a. C. Demócrito propone la idea de los átomos

1887 Thomson descubre el electrón

1909 Rutherford realiza el experimento de la lámina de oro

«Era casi tan increíble como si hubiera lanzado un proyectil de 40 cm contra un trozo de papel y hubiera rebotado hacia mí.»

Ernest Rutherford

incluidos aquellos con pesos extraños llamados isótopos. Un átomo de carbono 12, por ejemplo, contiene seis protones y seis neutrones en el núcleo (que le otorgan una masa de 12 unidades atómicas), además de seis electrones que orbitan, mientras que el carbono 14 es todavía más pesado al tener dos neutrones más.

El núcleo es pequeño. Es cien mil veces menor que un átomo, y tiene solo unos pocos femtómetros (10^{-15} metros, o una milbillonésima parte un metro) de radio. Si pusiéramos el átomo a escala con el diámetro de la Tierra, su núcleo tendría solo 10 kilómetros de anchura, como la longitud de Manhattan.

Modelo estándar Cuanto la radiactividad permitió aprender a romper el núcleo de los átomos (mediante la fisión) o bien a unirlos (mediante la fusión), otro fenómeno requirió explicación. Para explicar la combustión de hidrógeno en helio que se produce en el Sol, mediante un proceso de fusión, se requería otra partícula, el neutrino, que transforma los protones en neutrones. En 1930, se infirió la existencia del neutrino para explicar el decaimiento de un neutrón en un protón y un electrón, denominado decaimiento radiactivo beta. Al carecer virtualmente de masa, el neutrino no se descubrió hasta 1956.

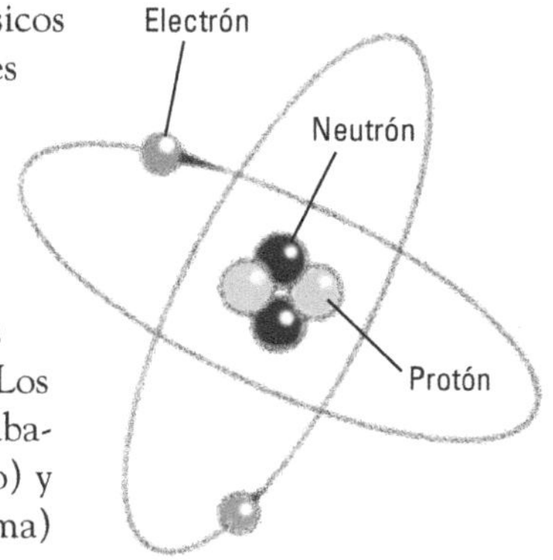

En la década de los años sesenta del siglo XX, los físicos se dieron cuenta de que los protones y los neutrones no eran las unidades de construcción más pequeñas: en su interior albergaban partículas todavía más pequeñas, los quarks.

Los quarks se agrupan en tríos. Tienen tres «colores»: rojo, azul y verde; también aparecen con seis «sabores», formando tres parejas de masa creciente. Los más ligeros son los quarks «up» (arriba) y «down» (abajo); los siguientes son los quarks «strange» (extraño) y «charm» (encanto); y la última pareja, «top» (cima)

1918	1932	1956	Década de 1960	1995
Rutherford aísla el protón	Chadwick descubre el neutrón	Se detecta el neutrino	Se propone la existencia de los quarks	Se descubre el quark top

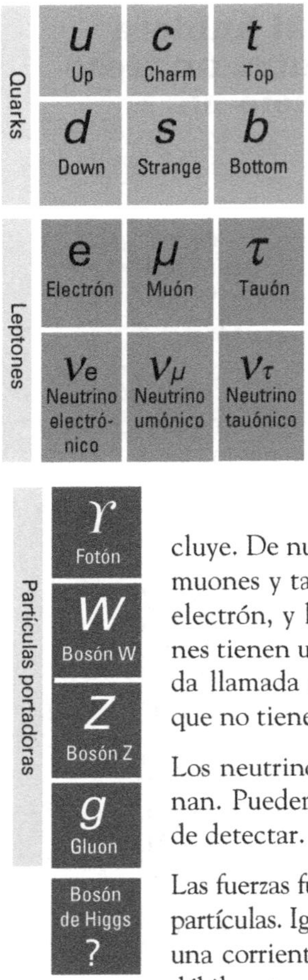

y «bottom» (fondo), es la más pesada. Los físicos eligieron estos extraños nombres para expresar las propiedades de los quarks, que no tienen precedente. Los quarks no pueden existir por su cuenta, sino que deben permanecer siempre unidos en combinaciones neutras (es decir, que no muestren carga de color). Entre las posibilidades, encontramos los tríos llamados bariones («barys» quiere decir pesado en griego), en los que se incluyen los protones y neutrones habituales, o las parejas de quark-antiquark (denominadas mesones). Se necesitan tres quarks para formar un protón (dos up y un down) o un neutrón (dos down y un up).

La siguiente clase básica de partículas, los leptones, está relacionada con los neutrinos y, de hecho, los incluye. De nuevo, hay tres tipos con una masa creciente: electrones, muones y tauones. Los muones son 200 veces más pesados que un electrón, y los tauones, 3.700 veces más pesados. Todos los leptones tienen una sola carga negativa, además de una partícula asociada llamada neutrino (neutrino electrónico, umónico y tauónico) que no tiene carga.

Los neutrinos casi no tienen masa y prácticamente no interaccionan. Pueden atravesar la Tierra sin ser vistos, así que son difíciles de detectar.

Las fuerzas fundamentales se transmiten mediante el intercambio de partículas. Igual que se puede describir la onda electromagnética como una corriente de fotones, se puede considerar que la fuerza nuclear débil es transportada por unas partículas llamadas bosones W y Z, mientras que la fuerza nuclear fuerte es transmitida por los gluones.

La gravedad no está todavía incluida en el modelo estándar de física de partículas que acabamos de describir, pero los físicos siguen intentándolo.

Colisión de partículas La física de partículas se ha comparado a coger un complicado reloj suizo, destrozarlo con un martillo y estudiar, después, los fragmentos para averiguar su funcionamiento. Los aceleradores de partículas en la Tierra usan imanes gigantes para acelerar las partículas a velocidades extremadamente altas, y después destrozan esos haces de partículas contra un objetivo o contra otro haz disparado en la dirección opuesta. A velocidades modestas, las partículas se separan un poco y se desprenden las partículas más ligeras. Como masa significa energía, se necesita un haz de partículas con una energía más alta para liberar las partículas más pesadas.

Las partículas producidas se identifican a partir de fotografías del rastro que dejan. Al atravesar un campo magnético, las partículas de carga positiva giran hacia un lado y las negativas hacia otro. La masa de la partícula también dicta lo rápido que se lanza a través del detector y la curvatura que el campo magnético imprime a su trayectoria. Así las partículas de luz apenas se curvan y las partículas más pesadas pueden incluso girar en bucles. Localizando sus características en el detector y comparándolas con lo esperado en las teorías, los físicos pueden identificar cada partícula.

«Nada existe excepto los átomos y el espacio vacío; todo lo demás es opinión.»

Demócrito

Rayos cósmicos En el espacio, las partículas se producen a través de procesos similares a los usados en los aceleradores en la Tierra. Dondequiera que haya campos magnéticos fuertes —como los que hay en medio de nuestra galaxia, en la explosión de una supernova o en los chorros acelerados cerca de un agujero negro—, las partículas pueden alcanzar energías increíbles y viajar a velocidades cercanas a la de la luz. También se pueden crear antipartículas, lo que plantea la posibilidad de observar su destrucción al entrar en contacto con la materia normal.

Los rayos cósmicos son partículas que chocan contra nuestra atmósfera. Cuando colisionan con las moléculas de aire, se rompen y producen una cascada de partículas más pequeñas, algunas de las cuales alcanzan el suelo. Estas cascadas de partículas pueden observarse como destellos en detectores de la superficie de la Tierra. Midiendo las energías características de los rayos cósmicos y las direcciones de las que provienen, los astrónomos esperan poder comprender su origen.

Asimismo, la búsqueda de los neutrinos levanta mucha expectación, porque es muy posible que sean la clave para averiguar la cantidad de materia oscura que hay en el universo. No obstante, son difíciles de detectar porque en muy raras ocasiones interactúan con algo. Para conseguir su propósito, los físicos han tenido que pensar a lo grande, de manera que usan toda la Tierra como un detector. Los neutrinos que atraviesen la Tierra se ralentizarán en alguna ocasión, y entonces los estará esperando un vasto despliegue de detectores, incluidos los nuevos que están dentro del hielo del Antártico y los del mar Mediterráneo. Asimismo, otros experimentos subterráneos localizados en minas profundas atraparán otro tipo de partículas. Por tanto, es posible que gracias a todos estos imaginativos recursos, los astrónomos consigan averiguar en las próximas décadas de qué está compuesto nuestro universo.

La idea en síntesis: acelerador cósmico

26 La partícula de Dios

Mientras caminaba por las Highlands escocesas en 1964, al físico Peter Higgs se le ocurrió un modo de otorgar masa a las partículas. Lo llamó su «gran idea». Las partículas parecen tener más masa porque su velocidad aminora al nadar por un campo de fuerzas, conocido como campo de Higgs. El responsable de transportar la propiedad de la masa es el bosón Higgs, al que el Premio Nobel Leon Lederman llamó «partícula de Dios».

¿Por qué todo tiene una masa? Un camión es pesado porque contiene muchos átomos, cada uno de los cuales podría ser relativamente pesado por sí mismo. El acero contiene átomos de hierro, que se sitúan muy abajo en la tabla periódica. ¿Por qué es pesado un átomo? Al fin y al cabo, en su mayor parte, es espacio vacío. Y ¿por qué un protón es más pesado que un electrón? ¿O que un neutrino? ¿O que un fotón?

Aunque las cuatro fuerzas fundamentales, o interacciones, se conocían muy bien ya en los años sesenta del siglo XX, todos ellas dependen de unas partículas mediadoras bastante diferentes. Los fotones transportan información de las interacciones electromagnéticas, los gluones unen quarks mediante la fuerza nuclear fuerte y los llamados bosones W y Z se ocupan de transportar las fuerzas nucleares débiles. No obstante, los fotones no tienen masa, mientras que los bosones W y Z son partículas muy pesadas, ya que tienen un centenar de veces más masa que el protón. ¿Por qué son tan diferentes? Esta discrepancia era particularmente importante porque las teorías de las fuerzas electromagnética y débil podían combinarse para formar una fuerza electrodébil. Sin embargo, esta teoría no explicaba por qué las partículas de fuerza nuclear débil, los bosones W y Z, deberían tener una masa grande. Deberían ser simplemente como un fotón, sin masa. Cualquier otra combinación de fuerzas fundamentales que se intentara, como ocurrió con la gran teoría unificada, acababa desembocando en el mismo problema: los transportadores de fuerzas no deberían tener masa alguna. ¿Por qué no eran como el fotón?

Cronología

1687

Los *Principia* de Newton establecen ecuaciones de masa

Movimiento lento La gran idea de Higgs fue pensar que estos transportadores de fuerza podían ralentizarse al pasar por un campo de fuerza de fondo. Llamado ahora el campo de Higgs, actúa también mediante la transferencia de bosones Higgs. Imaginemos que echamos una gota en un vaso. Tardará más en caer hasta el fondo si el vaso está lleno de agua que si está vacío y solo hay aire. Es decir, cuando la gota está en el agua: parece que sea más pesada, porque la gravedad tarda más en tirar de ella a través del líquido. Lo mismo podría aplicarse a las piernas de alguien que esté andando dentro del agua: parecen más pesadas y el movimiento de esa persona se ralentizaría. La gota puede ralentizarse incluso más si se echa en un vaso lleno de jarabe y, en consecuencia, tardaría más en hundirse. En este sentido el campo de Higgs actúa de manera similar a un líquido viscoso. La fuerza Higgs ralentiza las partículas portadoras de fuerzas, confiriéndoles una masa efectiva. Como tiene más incidencia en los bosones W y Z que en los fotones, aquellos parecen más pesados.

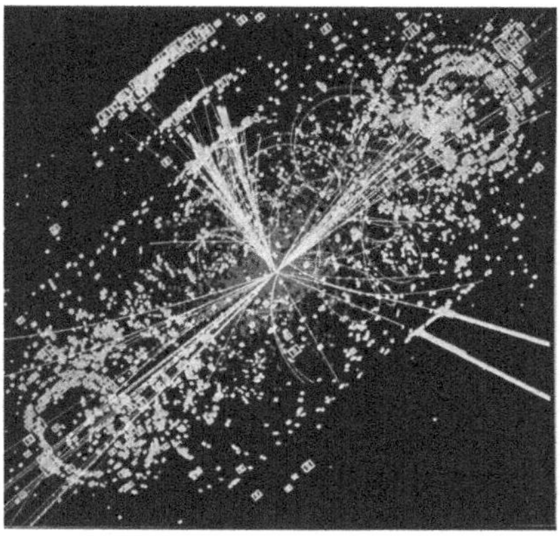

Partículas simuladas de la destintegración de un bosón de Higgs

El campo de Higgs es bastante similar a un electrón que se mueve a través de una red cristalina de núcleos con carga positiva, como la de un metal. El electrón se ralentiza un poco porque es atraído por todas las cargas positivas, de manera que parece tener más masa que cuando los iones no están presentes. En este caso, podemos observar la fuerza electromagnética en acción, con los fotones como partículas mediadoras. El campo de Higgs funciona de manera similar, con la diferencia de que los bosones de Higgs transportan la fuerza. También podríamos imaginarnos al electrón como una estrella de cine que entra en un fiesta llena de invitados, en este caso, los Higgs. A la estrella le resultará difícil cruzar la habitación porque todas las interacciones sociales la ralentizan.

Si el campo de Higgs da masa a los otros bosones transportadores de fuerza, ¿qué masa tiene, entonces, el bosón de Higgs? ¿Y cómo consigue su propia masa? ¿No estamos ante una paradoja como la del huevo y la gallina? Por desgracia, las teorías físicas no predicen la masa del bosón de Higgs, aunque sí predicen su necesidad en el modelo es-

1964	2009-2013	2015-2018	2022
Higgs consigue comprender por qué las partículas tienen masa	Primera fase operativa del LHC	Segunda fase del LHC tras una parada de 2 años	Comienzo de la tercera fase

tándar de física de partículas. En consecuencia, los físicos intentan localizarlo, pero no saben lo fuerte que será, ni cuándo aparecerá (puesto que todavía no se ha detectado). Gracias a la detección de numerosas partículas y el estudio de propiedades, sabemos que la masa del bosón de Higgs debe ser mayor que las energías ya alcanzadas experimentalmente. Por tanto es muy pesado, pero todavía tendremos que esperar para saber cuánto exactamente.

Una pistola humeante La máquina más reciente capaz de buscar la partícula de Higgs es el Gran Colisionador de Hadrones (LHC) del CERN, en Suiza. El CERN, o Conseil Européen pour la Recherche Nucléaire (Consejo Europeo de Investigación Nuclear), es un enorme laboratorio de física de partículas cerca de Ginebra. Alberga muchos niveles de túneles, el mayor de los cuales tiene una longitud de 27 km, y está situado a 100 m bajo tierra. En el LHC, unos imanes gigantes aceleran protones para formar un haz que se curva alrededor de la pista. Como se los empuja constantemente mientras dan vueltas, van cada vez más rápido. Se producen dos haces opuestos, y cuando viajan a la máxima velocidad, se disparan uno contra otro de manera que los protones acelerados impacten frontalmente entre sí. Las enormes energías producidas causarán la liberación de un amplio abanico de partículas masivas que los detectores registrarán, junto con los productos de su decaimiento si tienen una vida corta.

El objetivo del LHC es descubrir pistas de la partícula de Higgs, que sigue enterrada entre millones de otras partículas. Aunque los físicos saben qué buscar, sigue siendo difícil dar con ella. Es posible que la partícula de Higgs aparezca solo a unas energías muy altas y durante una fracción de segundo, antes de volver a desaparecer en una cascada de partículas diferentes. Por tanto, en lugar de buscar la partícula de Higgs directamente, los físicos tienen que buscar una pistola humeante y juntar todas las piezas antes de deducir su existencia.

Ruptura y defectos de simetría

Durante la primera centésima de segundo tras el Big Bang, el universo pasó por cuatro fases asociadas a la creación de cada una de las fuerzas fundamentales: el electromagnetismo, las fuerzas nucleares débiles y fuertes, y la gravedad. Como el agua que se condensa de vapor a líquido y a hielo, la estructura del universo se volvió más asimétrica conforme se enfriaba. Mientras pasaba por cada una de estas fases, pudieron surgir imperfecciones, igual que en los cristales de hielo se producen defectos al comprimir las moléculas en ellos. Los teóricos proponen que estos «defectos topológicos» de espacio y tiempo podrían incluir las «cuerdas cósmicas», «monopolos» magnéticos, y formas retorcidas llamadas «texturas».

«Lo que obviamente había que hacer era intentarlo con la teoría de campo gauge más simple de todas: la electrodinámica. Había que romper su simetría y ver qué ocurría realmente.»

Peter Higgs

Ruptura de simetría ¿Cuándo podría aparecer un bosón de Higgs? ¿Y cómo pasamos de ahí a los fotones y a otros bosones? Como los bosones de Higgs deben ser muy pesados, solo pueden aparecer a energías extremas y, por las leyes de la mecánica cuántica, solo durante un periodo de tiempo muy corto. Diversas teorías suponen que en el universo más temprano, todas las fuerzas estaban unidas en una superfuerza. Conforme el universo se enfrió, las cuatro fuerzas fundamentales se separaron a través de un proceso llamado ruptura de la simetría.

Aunque imaginar el proceso de ruptura de simetría puede parecer difícil, de hecho, es bastante simple. Señala el punto en que la simetría desaparece de un sistema por un suceso. Un ejemplo podría ser una mesa redonda, preparada y con las servilletas y los cubiertos repartidos. Como es simétrica, no importa donde te sientes: toda la mesa es igual. Pero si una persona coge su servilleta, la simetría se pierde y, entonces, podemos decir dónde nos encontramos en relación a esa posición. Por tanto, la simetría ha desaparecido. Un gesto simple tiene repercusiones, ya que puede provocar que todo el mundo coja la servilleta que se encuentra a su izquierda para acomodarse con el primer suceso. Si la primera persona hubiera cogido la servilleta del otro lado, podría haber ocurrido lo contrario. Pero el patrón que sigue está determinado por el acontecimiento aleatorio que lo ha provocado. Del mismo modo, conforme el universo se enfriaba, se produjeron ciertos sucesos que llevaron a que las fuerzas se separaran, una tras otra.

Aunque los científicos no detecten el bosón de Higgs con el LHC, el resultado seguirá siendo interesante. Desde los neutrinos hasta el quark top, hay 14 órdenes de magnitud de masa que el modelo estándar necesita explicar. Esto resulta difícil de hacer incluso con el bosón de Higgs, que es el ingrediente que falta. Si conseguimos encontrar la partícula de Dios, no habrá problemas, pero si no aparece, el modelo estándar deberá reconsiderarse por completo, lo cual requerirá una nueva física. Creemos conocer todas las partículas del universo: el bosón de Higgs es el último eslabón que falta.

La idea en síntesis: nadar contra corriente

27 Teoría de cuerdas

Incluso antes de determinar si hay que descartar o no el modelo estándar, algunos científicos investigan una visión alternativa de la materia del universo. Un grupo de físicos intenta explicar los patrones de las partículas fundamentales tratándolos no como esferas duras, sino como ondas sobre una cuerda. La idea se conoce como teoría de cuerdas.

Los teóricos de cuerdas no están de acuerdo en que las partículas fundamentales, como quarks, electrones y fotones, sean partes indivisibles de materia o energía. Los patrones que les dan una masa particular, carga o energía asociada sugieren otro nivel de organización. Estos científicos consideran que tales patrones indican profundas armonías. Cada masa o energía cuántica es un tono armónico de la vibración de una pequeña cuerda. Por tanto, las partículas podrían describirse no como manchas sólidas sino como cuerdas o lazos que vibran. En cierto modo, es una nueva versión del amor de Kepler por los sólidos geométricos regulares. Es como si las partículas de un patrón de notas que sugieren una escala armónica, se tocaran en una sola cuerda.

Vibraciones Las cuerdas de la teoría de cuerdas no son como las que conocemos, por ejemplo, las de una guitarra. La cuerda de una guitarra vibra en tres dimensiones del espacio, o quizás, podríamos reducirlas a dos, si imaginamos que está limitada a un plano a lo largo de su longitud. Sin embargo, las cuerdas subatómicas vibran en una sola dimensión, al contrario que las partículas puntuales que tienen cero dimensiones. Nosotros no podemos ver la cuerda en toda su extensión, pero los científicos calculan las vibraciones de la cuerda en muchas dimensiones, hasta en 10 u 11 incluso. Nuestro mundo tiene tres dimensiones espaciales y una temporal. No obstante, los teóricos de cuerdas piensan que puede haber muchas más dimensiones que no vemos, dimensiones en las que no reparamos porque están compactadas. Y en esos otros mundos, las cuerdas de partículas vibran. Las

Cronología

1921
La teoría de Kaluza-Klein propone unificar electromagnetismo y gravedad

1970
Yoichiro Nambu describe la fuerza nuclear fuerte usando mecánica cuántica de cuerdas

> **«La clave para poder describir todas las partículas que vemos reside en que la cuerda tiene esas dimensiones añadidas y, por tanto, puede vibrar de muchas formas en muchas direcciones diferentes.»**
>
> **Edward Witten**

cuerdas pueden tener un final abierto o ser bucles cerrados, pero en lo demás todas son iguales. Por tanto la variedad de las partículas fundamentales surge solo a partir del patrón de vibración de la cuerda, su armonía, no del material de la cuerda en sí misma.

Una idea excéntrica La teoría de cuerdas es una idea totalmente matemática. Nadie ha visto nunca una cuerda y nadie tiene ni idea de cómo comprobar si existe con seguridad. Por tanto, no se ha proyectado experimento alguno para comprobar si la teoría es cierta o no. Se dice que hay tantas teorías de cuerdas como teóricos de cuerdas. En consecuencia, la posición de la teoría entre la comunidad científica es incómoda.

El filósofo Karl Popper pensaba que la ciencia funciona principalmente mediante el falsacionismo: si se te ocurre una idea, intentas comprobarla con un experimento y si resulta falsa, la descartas, de manera que aprendes algo nuevo y la ciencia progresa; en cambio, si la observación encaja con el modelo, no aprendes nada nuevo. La teoría de cuerdas no está completamente desarrollada, así que no se han planteado hipótesis falsables definitivas. Como hay muchas variantes de la teoría, algunos científicos afirman que no es una ciencia rigurosa.

Los debates sobre si es útil o no llenan páginas de revistas e incluso de periódicos, pero los teóricos de cuerdas siguen creyendo que su investigación vale la pena.

Teoría del todo Dado que se propone explicar todo el zoo de partículas e interacciones en un único marco, la teoría de cuerdas intenta ser casi una «teoría del todo», una única teoría que unifique las cuatro fuerzas fundamentales (el electromagnetismo, la gravedad y las fuerzas nucleares fuertes y débiles) y que explique las masas de partículas y sus propiedades. Sería, por tanto, una teoría profunda que está en la base

Mediados de 1970	1984-1986	Década de 1990
Se elabora una teoría cuántica de cuerdas	Un rápido desarrollo de la teoría de cuerdas consigue explicar todas las partículas	Witten y otros autores desarrollan la teoría M en 11 dimensiones

de todo. En los años cuarenta del siglo xx, Einstein intentó unificar la teoría cuántica y la gravedad, pero no tuvo éxito y tampoco nadie lo ha conseguido hasta ahora. Sus esfuerzos fueron motivo de burla, ya que se consideraba que unificar ambas teorías era imposible y, por tanto, una pérdida de tiempo. La teoría de cuerdas introduce la gravedad en la ecuación, y su tremendo potencial empuja a la gente a continuar trabajando en ella. No obstante, todavía queda mucho camino por recorrer hasta conseguir una formulación precisa, y aún más para que pueda verificarse.

La teoría de cuerdas resultó muy novedosa gracias a la belleza de sus matemáticas. En los años veinte del siglo pasado, Theodor Kaluza usó la armonía como una manera diferente de describir algunas propiedades inusuales de las partículas. Los físicos se dieron cuenta de que esas mismas matemáticas podían describir algunos fenómenos cuánticos. Esencialmente, la matemática ondulatoria es útil tanto para la mecánica cuántica como para la física de partículas. Entonces, estas ideas

Teoría M

Las cuerdas son esencialmente líneas pero, en un espacio multidimensional, son un conjunto de figuras entre las que se pueden incluir hojas y otras formas de varias dimensiones. Esta teoría generalizada recibe el nombre de teoría M. La letra M no corresponde a una sola palabra, sino que podría referirse a membrana o, incluso, a misterio. Una partícula que se mueve a través del espacio dibuja una línea, y si esa partícula puntual estuviera bañada en tinta, dibujaría un camino lineal, al que llamaríamos su línea de mundo. Si esta cuerda fuera un lazo, formaría un cilindro al desplazarse. Entonces, se diría que tiene una hoja de mundo. Donde estas hojas interactúan, y donde la cuerdas se rompen y se recombinan, tienen lugar las interacciones. Por tanto, la teoría M es, en realidad, un estudio de las formas de todas esas hojas en un espacio de 11 dimensiones.

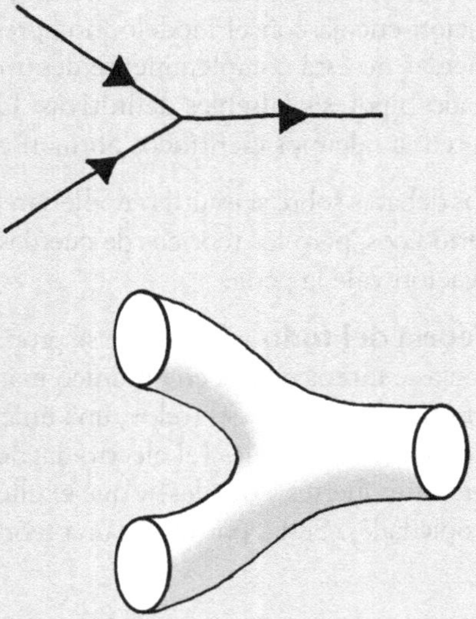

«No me gusta que no calculen nada. No me gusta que no comprueben sus ideas. No me gusta que apañen una explicación siempre que algún experimento contradiga algún punto; que busquen un apaño para poder decir: "bueno, todavía puede ser verdad".»

Richard Feynman

se desarrollaron en las primeras teorías de cuerdas. Hay muchas variantes y, en cierto modo, aún no es una teoría que lo englobe todo.

La elaboración de una teoría del todo sigue siendo el objetivo de algunos físicos que son generalmente reduccionistas y que piensan que si comprendemos los bloques de construcción que lo componen, entenderemos el mundo entero. Por tanto, si comprendemos un átomo, construido a partir de cuerdas que vibran, podemos inferir toda la química, la biología, etc. Otros científicos rechazan esa concepción y la consideran ridícula. ¿Cómo puede el conocimiento de los átomos decirte algo sobre la teoría social, o sobre la evolución o los impuestos? Hay cosas que no se pueden extrapolar sin más. Argumentan que esa teoría describe el mundo como un ruido sin sentido de interacciones subatómicas, y que, por tanto, es nihilística y errónea. El punto de vista reduccionista ignora el comportamiento macroscópico evidente, como los patrones de los huracanes o el caos, y el físico Steven Weinberg lo describe como «escalofriante e impersonal. Hay que aceptarlo sin más, no porque nos guste, sino porque es como funciona el mundo».

La teoría de cuerdas, o más bien las teorías, siguen en continuo proceso de cambio. Todavía no ha surgido ninguna teoría final. Y puede pasar bastante tiempo antes de que ocurra, ya que la física se ha complicado tanto que hay mucho que incluir en ella. Describir el universo como el sonido de muchas armonías puede parecer hermoso, pero sus partidarios a veces también parecen estancados, pues se centran demasiado en los pequeños detalles e infravaloran la importancia de los patrones a gran escala. Por tanto, los teóricos de cuerdas pueden seguir al margen, trabajando en sus investigaciones, hasta que emerja una visión más sólida. No obstante, teniendo en cuenta la naturaleza de la ciencia, es positivo que se dediquen a buscar respuestas, y no en los lugares habituales.

La idea en síntesis: armonías universales

28 Principio antrópico

El principio antrópico afirma que el universo es como es porque si fuera diferente no estaríamos aquí para observarlo. Pretende dar explicación a por qué cada parámetro de la física toma el valor que toma, desde la intensidad de las fuerzas nucleares a la energía oscura y la masa del electrón. Si alguno de estos parámetros variara, aunque solo fuera ligeramente, el universo sería inhabitable.

Si la fuerza nuclear fuerte fuera un poco diferente, los protones y los neutrones no podrían unirse para formar núcleos y los átomos no podrían formarse. La química no existiría. El carbono no existiría, y por tanto, la biología y los humanos no existirían. Si nosotros no existiéramos, ¿quién «observaría» el universo y evitaría que fuera solo una sopa cuántica de probabilidades?

Asimismo, aunque los átomos existieran y el universo hubiera evolucionado hasta formar todas las estructuras que conocemos hoy, si la energía oscura fuera solo un poco más fuerte, las galaxias y las estrellas ya estarían haciéndose trizas. Por tanto, cambios muy pequeños en los valores de las constantes físicas, en las intensidades de las fuerzas o en las masas de las partículas pueden tener consecuencias catastróficas. Dicho de otro modo, el universo parece estar muy bien ajustado. Todas las fuerzas son «simplemente las correctas» para que el desarrollo de la humanidad haya sido posible. Entonces, ¿es una casualidad que vivamos en un universo de 14.000 millones de años, donde la energía oscura y el equilibrio de la gravedad se equilibran el uno al otro, y en el que las partículas subatómicas adoptan las formas que adoptan?

Simplemente así En lugar de suponer que la humanidad es particularmente especial y que el universo entero se construyó para nosotros, una presunción quizás demasiado arrogante, el principio antrópico explica que de todo eso no hay nada de lo que sorprenderse. Si

Cronología

1904

Alfred Wallace debate el lugar del hombre en el universo

«Para crear un pastel de manzana desde cero, primero se debe crear el universo.»

Carl Sagan

cualquiera de las fuerzas fuera ligeramente diferente, simplemente no estaríamos aquí para verlo. Del mismo modo que hay muchos planetas y solo uno, al menos que nosotros sepamos, tiene las condiciones correctas para la vida, el universo podría haber existido de muchos modos, pero solo su forma actual permitía que los seres humanos llegáramos a existir, del mismo modo que, si el motor de combustión no se hubiera inventado cuando se inventó y mi padre no hubiera podido viajar al norte para conocer a mi madre, yo no estaría aquí. De esa serie de hechos, no puedo deducir que el universo entero evolucionó para que yo pudiera existir, sino que mi existencia requería, entre otras cosas, que el motor se inventara antes de un determinado momento, y eso limita el número de universos en el que yo podría estar.

Robert Dicke y Brandon Carter usaron el principio antrópico como argumento de física y cosmología, aunque su teoría resulta familiar a los filósofos. Una formulación, el principio antrópico débil, establece que no estaríamos aquí si los parámetros fueran diferentes, de manera que el hecho de que existamos restringe las propiedades de los universos físicos habitables en los que podríamos encontrarnos. Otra versión más radical enfatiza la importancia de nuestra propia existencia, y establece que la vida es un resultado necesario para que el universo llegue a ser. Por ejemplo, se necesitan observadores que hagan concreto el universo cuántico mediante su observación. John Barrow y Frank Tipler sugirieron incluso otra versión más según la cual el procesamiento de la información es un propósito fundamental del universo y, por tanto, su existencia debe producir criaturas capaces de procesar la información.

Muchos mundos Para producir humanos, el universo debe ser viejo, de manera que el carbón tenga tiempo de formarse en generaciones más tempranas de estrellas, y las fuerzas nucleares fuertes y débiles deben ser «justamente como son» para permitir la física nuclear y la química. La gravedad y la energía oscura también deben estar equilibradas para generar estrellas en lugar de destruir el universo. Además, las estrellas necesitan tener una vida larga para permitir que se formen

1957
Robert Dicke escribe que el universo está constreñido por factores biológicos

1973
Brandon Carter habla del principio antrópico

Burbujas antrópicas

Podemos evitar el dilema antrópico si otros universos paralelos o burbujas acompañan al universo en el que vivimos. Cada universo burbuja puede tener unos parámetros físicos ligeramente diferentes. Éstos gobiernan la evolución de cada universo y determinan si es un buen nicho para la formación de la vida. Según sabemos, la vida es quisquillosa y, por tanto, escogerá muy pocos universos. Pero, dado que hay tantos universos burbujas, la posibilidad existe y nuestra posibilidad no es tan improbable.

planetas, lo suficientemente grandes para que podamos encontrarnos en un bonito planeta templado que tiene agua, nitrógeno, oxígeno y todas las demás moléculas que se necesitan para engendrar vida.

Como los físicos pueden imaginar universos en los que esas cantidades sean diferentes, algunos han sugerido que esos universos pueden crearse tan fácilmente como el nuestro, y que, de hecho, podrían existir como universos paralelos, o multiversos, de manera que nosotros solo existimos en una de las posibilidades. La idea de los universos paralelos encaja con el principio antrópico, ya que permite que existan otros universos en los que el ser humano no habría podido llegar a ser. Así, pueden existir en múltiples dimensiones y se dividen cada vez que se produce cualquier suceso.

Por otro lado El principio antrópico tiene detractores. Hay quien cree que es un truismo (cuando algo es como es porque es así) y que no aporta nada nuevo. Otros prefieren explorar las matemáticas en busca de la fórmula que permita automáticamente que nuestro universo no sea el objeto de estudio del cual partimos por una simple

«No todos los valores observados de las cantidades físicas y cosmológicas son igual de probables, sino que asumen valores limitados por la necesidad de que existan lugares donde la vida con base de carbono pueda evolucionar y [...] por el hecho de que el universo es lo suficientemente viejo para que ya lo haya hecho.»

John Barrow y Frank Tipler

cuestión de física. El concepto de multiverso se acerca a ese objetivo porque contempla un número infinito de alternativas. No obstante, otros teóricos, incluidos los teóricos de cuerdas y los defensores de la teoría M, intentan ir más allá del Big Bang para afinar los parámetros.

Consideran el mar cuántico que precedió al Big Bang como una especie de paisaje de energía y se preguntan dónde puede acabar el universo si lo dejas rodar y lo despliegas. Por ejemplo, si dejas rodar una pelota por una cadena de colinas, es más probable que la pelota acabe en unos sitios que en otros, por ejemplo en las hondonadas de los valles. Así, al intentar minimizar su energía, puede que el universo buscara combinaciones de parámetros con bastante naturalidad, independientemente de que el hombre apareciera mil millones de años después.

Los partidarios del principio antrópico, y otros que buscan nuevas maneras matemáticas que expliquen cómo hemos acabado en el universo que conocemos, no se ponen de acuerdo sobre cómo hemos conseguido estar donde estamos y ni siquiera tienen claro si es una pregunta que valga la pena plantear. Cuando vamos más allá del Big Bang y del universo observable y nos adentramos en el ámbito de los universos paralelos y de los campos de energía preexistentes, nos situamos, en realidad, en el terreno de la filosofía. Sin embargo, al margen de lo que hiciera que el universo llegara a adquirir su actual aspecto, podemos considerarnos muy afortunados porque haya resultado ser como es ahora, miles de millones de años después de su nacimiento. Parece comprensible que cocinar la química que se necesita para la vida requiera cierto tiempo, pero el hecho de que estemos viviendo aquí, en un momento concreto de la historia del universo, en el que la energía oscura es relativamente benigna y puede servir de contrapeso de la gravedad es una coincidencia todavía más afortunada.

La idea en síntesis: un universo con las condiciones precisas

29 Secuencia de Hubble de galaxias

Hay dos tipos de galaxias: las elípticas y las espirales. Los astrónomos sospechaban desde hacia tiempo que las similitudes y diferencias entre ellas, como sus protuberancias centrales comunes, y la presencia o ausencia de un disco plano de estrellas, indicaban una pauta de desarrollo. Las imágenes de zonas más profundas del cielo han proporcionado pruebas de que las colisiones de galaxias pueden ser las responsables de la «secuencia de Hubble».

Cuando en la década de los veinte del siglo pasado se aceptó que algunas de las borrosas nebulosas que salpican los cielos eran galaxias diferentes a la nuestra, los astrónomos intentaron clasificarlas. Hay dos tipos básicos de galaxias: algunas son homogéneas y tienen forma de elipse; y otras tienen unos claros patrones superpuestos.

Estas clases se conocen, respectivamente, como galaxias elípticas y en espiral. El astrónomo norteamericano Edwin Hubble fue el primero en establecer que las nebulosas están fuera de la Vía Láctea y a gran distancia. Sus clasificaciones siguen usándose en la actualidad. Las galaxias elípticas se describen con la letra E, seguida de un número (de 0 a 7) que aumenta según lo alargada que sea la galaxia. Una galaxia E0 es aproximadamente redonda, mientras que una galaxia de tipo E7 tiene una forma más similar a un cigarro. En tres dimensiones, las elípticas tienen una forma parecida a un balón de fútbol americano (o una pelota de rugby).

Por su parte, las galaxias en espiral en el sistema de Hubble se indican mediante la letra S y una letra más (a, b o c) dependiendo de lo apretados que estén sus brazos en espiral. Una galaxia Sa es una espiral muy apretada, mientras que una clasificada como Sc forma una espiral más suelta. En tres dimensiones, las galaxias en espiral son planas como un disco de *frisbee* (sólido) o una lente. Algunas galaxias en espiral presen-

Cronología

1920
El Gran Debate se plantea si las nebulosas están fuera de los límites de la Vía Láctea

1926
El diagrama diapasón de Hubble

tan una línea característica, o «barra», a lo largo de las regiones interiores, en ese caso, reciben el nombre de espirales barradas; sus denominaciones siguen el mismo esquema, pero usando las letras SB en lugar de solo S. Las galaxias que no encajan en ningún esquema, incluidas las que tienen forma irregular, llamadas irregulares, así como las que estarían a caballo entre las elípticas y las espirales, se clasifican como S0.

El diapasón de Hubble Si las observamos con atención, comprobaremos que hay similitudes entre las estructuras de ambas clases. Las galaxias espirales están formadas por dos componentes, como un huevo frito: una protuberancia central (la yema), que se parece mucho a una galaxia elíptica, y el disco plano (la clara) que lo rodea. La relación entre el tamaño de la protuberancia y el del disco es otro modo de clasificación de las galaxias. Hubble incluso imaginó las galaxias en una secuencia que empezaría por las galaxias dominadas por la protuberancia, entre las que se incluían las elípticas, hasta llegar a las galaxias que son discos casi por entero. A las galaxias del primer caso se las denomina en ocasiones «tempranas», y a las últimas, «tardías». Hubble pensó que estas similitudes significaban que las galaxias podían evolucionar de un tipo a otro.

Hubble dispuso sus categorías de galaxia en un diagrama en forma de diapasón. De izquierda a derecha a lo largo del diapasón, dibujó una secuencia de galaxias elípticas, que incluía desde las redondeadas hasta las alargadas. A la derecha, a lo largo del brazo superior del diapasón, dispuso una secuencia de espirales que iba desde las espirales apretadas que tenían grandes protuberancias y discos pequeños hasta las que solo tenían discos con espirales amplias y prácticamente sin

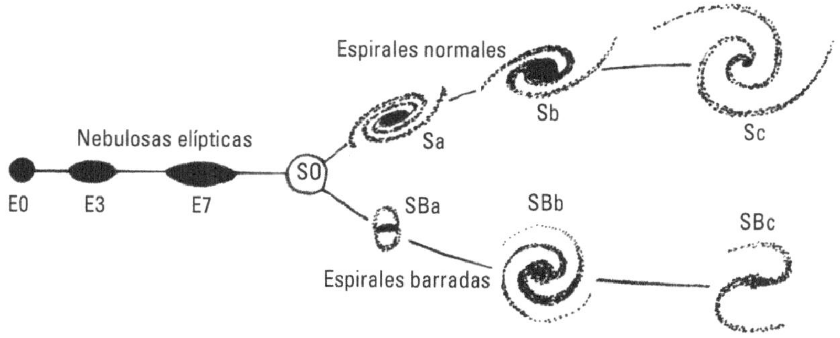

1975
Vera Rubin descubre materia oscura en galaxias en espiral

1995
Se observa el Campo Profundo de Hubble

protuberancias. Las espirales barradas están dispuestas a lo largo del brazo inferior paralelo. Mediante este famoso esquema, llamado el diagrama diapasón de Hubble (véase la p. 121), Hubble expresaba la idea crucial de que las galaxias elípticas podían desarrollar discos y un día convertirse en espirales. Sin embargo, no tenía ninguna prueba de que tales transformaciones ocurrieran, y, de hecho, muchos investigadores han consagrado toda su carrera a intentar averiguar como evolucionan las galaxias de un tipo a otro.

Fusiones Las características de las galaxias pueden cambiar radicalmente mediante las colisiones. Estudiando el cielo con telescopios, los astrónomos han descubierto muchas parejas de galaxias que claramente interactúan. En los casos más espectaculares, las galaxias pueden perder sus largas colas de estrellas, similares a la de un renacuajo, por su gravedad respectiva, como ocurre con la pareja de galaxias en colisión llamadas «Antennae». Hay galaxias que impactan directamente con otra galaxia, eliminando nubes de estrellas y emitiendo anillos de humo de gas. La perturbación consiguiente suele aumentar la luminosidad de las galaxias, puesto que en las nubes de gas turbulentas se forman nuevas estrellas. Las jóvenes estrellas azules pueden estar totalmente cubiertas de hollín cósmico, lo que provoca que las regiones emitan destellos rojos, del mismo modo que el polvo realza los tonos rojizos del atardecer. Las fusiones de galaxias son espectaculares.

No obstante, los detalles de cómo se construyen las galaxias siguen siendo inciertos. Para destruir un disco grande de estrellas y dejar una protuberancia elíptica desnuda, debería tener lugar una colisión catastrófica; igualmente, para que una galaxia desarrolle un disco considerable y sin trastornos debe producirse una serie de acumulaciones moderadas. Los astrónomos tienen pocas oportunidades de ver galaxias en estados intermedios, de manera que es posible que se complique su explicación de cómo cambian las galaxias a través de las fusiones.

Ingredientes galácticos Las galaxias contienen desde millones a billones de estrellas. Las galaxias elípticas y las protuberancias de las espirales están compuestas sobre todo por estrellas rojas viejas. Estas viajan en órbitas inclinadas al azar generando su forma elipsoidal abombada. En los discos de galaxias espirales, por el contrario, se encuentran principalmente estrellas azules jóvenes. Se concentran en los brazos de la espiral, que desencadenan la formación de estrellas cuando pasan por las nubes de gas que hay en el disco. Mientras que los discos de las espirales contienen mucho gas, especialmente hidrógeno, las galaxias elípticas albergan mucho menos y, por tanto, en ellas se forman menos estrellas nuevas.

En los discos galácticos, se detectó también la presencia de materia oscura (véase la p. 76). Las espirales exteriores giran demasiado rápido

«En la penumbra del horizonte final, buscamos entre errores fantasmagóricos de información puntos de referencia que apenas son más significativos. La búsqueda proseguirá. Ese impulso es más antiguo que la historia. Todavía no se ha podido satisfacer y no puede reprimirse.»

Edwin Hubble

como para que su velocidad se explique solo por su masa de estrellas y gas, lo que implica que debe haber alguna otra forma de materia presente. Este material extra no es visible porque no emite ni absorbe luz, y recibe el nombre de materia oscura. Podría estar presente en forma de partículas exóticas que son difíciles de detectar, porque raramente interactúan, o de objetos compactos y pesados, como agujeros negros, estrellas fracasadas o planetas gaseosos. La materia oscura forma una cubierta esférica alrededor de la galaxia, denominada «halo».

El campo profundo de Hubble Los mismos tipos básicos de galaxias existen por todo el universo. La imagen más profunda del cielo que se ha podido captar pertenece al Campo Profundo del Hubble. Para comprobar qué aspecto tiene una franja común del universo lejano, en 1995 el telescopio espacial Hubble observó una pequeña porción del cielo (de unos 2,5 minutos de arco) durante 10 días. La aguda visión del observatorio en órbita permitía a los astrónomos llegar a zonas del espacio muy profundas que estaban fuera del alcance de los telescopios situados en el suelo. Como la luz tarda bastante tiempo en llegar hasta nosotros a través del espacio, vemos las galaxias tal y como eran hace muchos millones de años.

Como se eligió un campo deliberadamente limpio de estrellas en primer plano, casi todos los 3.000 objetos del marco eran galaxias lejanas. La mayoría son elípticas y espirales, lo que indica que ambos tipos se formaron hace mucho tiempo. Sin embargo, las galaxias azules, más irregulares y pequeñas, abundan más en el universo lejano que en el cercano. Además, hace 8.000 o 10.000 millones de años, se estaban formando estrellas a una proporción diez veces superior a la actual. Ambos factores sugieren que las colisiones más frecuentes son responsables del rápido crecimiento de las galaxias en el universo joven.

La idea en síntesis: transformadores de galaxias

30 Cúmulos galácticos

Las galaxias se agrupan formando cúmulos, los mayores objetos del universo unidos por la gravedad. Los cúmulos son agrupaciones masivas de miles de galaxias, pero también contienen reservas de gas muy caliente y materia oscura, que se extienden entre los miembros de los cúmulos.

En el siglo XVIII, los astrónomos se dieron cuenta de que las nebulosas no están repartidas uniformemente. Igual que las estrellas, a menudo se apiñan en grupos y cúmulos. El astrónomo francés Charles Messier fue uno de los primeros que escrutó e hizo una lista de las nebulosas más brillantes, incluidas las que ahora sabemos que son galaxias, así como de las nebulosas difusas y planetarias, de los cúmulos de estrellas y de los cúmulos globulares. La primera versión de su catálogo, publicada en 1774 en la revista de la Academia Francesa de las Ciencias, incluye solo 45 de las manchas más espectaculares; en una versión posterior de 1781 consiguió enumerar un centenar. Los astrónomos siguen nombrando los objetos de Messier con el prefijo de la letra M y un número de catálogo: la galaxia de Andrómeda, por ejemplo, se conoce también como M31. El catálogo de Messier incluye algunos de los objetos de su clase estudiados con mayor profundidad.

Un catálogo mucho mayor de objetos celestes profundos, el Nuevo Catálogo General, se compiló y publicó en la década de los ochenta del siglo XIX. En él, Johann Dreyer enumeraba casi 8.000 objetos, de los que casi un tercio provenían de observaciones de William Herschel. Se distinguieron diferentes tipos, desde nebulosas brillantes a cúmulos amplios de estrellas. Cuando el descubrimiento de la fotografía permitió encontrar muchos más objetos, el catálogo se amplió en 1905 con la adición de otros dos indices de catálogos que incluían más de 5.000 objetos. Estos objetos astronómicos siguen llamándose NGC o IC dependiendo de en qué catálogo aparecían. La galaxia de Andrómeda, por ejemplo, aparece también con la referencia NGC 224.

Cronología

1781
Messier observa el cúmulo de Virgo

1924
Hubble mide la distancia a la galaxia de Andrómeda

«¿Quiénes somos? Hemos descubierto que vivimos en un planeta insignificante de una estrella común, que está perdida en una galaxia de algún rincón olvidado de un universo en el que hay muchas más galaxias que personas.»

Carl Sagan

El grupo local En la década de los años veinte del siglo pasado, los astrónomos descubrieron que muchas nebulosas eran galaxias muy alejadas de la nuestra. Usando las técnicas de la escalera de distancia cósmica, incluidas las estrellas cefeidas variables y los desplazamientos hacia el rojo, pudieron calcular sus distancias: la galaxia de Andrómeda, por ejemplo, está a una distancia de 2.500.000 años luz. Enseguida quedó patente que Andrómeda y la Vía Láctea son los dos miembros más grandes de un grupo de unas 30 galaxias, conocidas como el Grupo Local.

Andrómeda y la Vía tienen un tamaño y carácter similares. La galaxia de Andrómeda es también una espiral grande, aunque la vemos de lado, con una inclinación de unos 45 grados. Las otras galaxias del grupo son mucho más pequeñas. Nuestros dos vecinos más cercanos son las Nubes de Magallanes (Grande y Pequeña) que están a 160.000 años luz (a.l.). Aparecen como unas manchas del tamaño de un pulgar en el cielo meridional, al lado de la banda de la Vía Láctea. Recibieron su nombre del explorador Fernando de Magallanes, que informó de ellas, después de navegar alrededor del globo en el siglo XVI. Las Nubes de Magallanes son ga-

1933
Zwicky mide la materia oscura en un cúmulo de Coma

1966
Detección de rayos X procedentes del cúmulo de Virgo

laxias enanas irregulares con un tamaño equivalente a la décima parte de la Vía Láctea.

Cúmulo de Virgo El Grupo Local es una de las muchas agrupaciones de galaxias que existen. El cúmulo de Virgo, mucho más grande, contiene miles de galaxias, 16 de las cuales son lo suficientemente brillantes como para que aparezcan agrupadas juntas en el catálogo de Messier de 1781. Virgo es el cúmulo galáctico grande que está más cerca de la Tierra, a una distancia de unos 60 millones de años luz. Otros ejemplos de cúmulos grandes incluyen el cúmulo de Coma y el cúmulo de Fornax, cada uno de los cuales recibe su nombre de la constelación en la que se encuentra. De hecho, el cúmulo de Virgo y el Grupo Local son parte de una concentración incluso mayor llamada el Supercúmulo Local.

Los cúmulos galácticos se mantienen unidos por la gravedad. Igual que las estrellas siguen órbitas dentro de las galaxias, las galaxias describen también trayectorias alrededor del centro de masa del cúmulo. De promedio, un cúmulo galáctico grande tiene una masa total 10^{15} (mill billones) veces mayor que la del Sol. Además, esta gran acumulación de materia en un espacio reducido provoca distorsiones en el espacio-tiempo. Retomando la analogía de la lámina de goma de capítulos anteriores, podemos decir que el peso de las galaxias ejerce una presión hacia abajo de manera que todas se encuentran en una depresión. No obstante, no solo caen las galaxias, sino que el gas también se acumula en un pozo del espacio-tiempo.

El medio intracumular Los cúmulos galácticos están llenos de gas caliente. Sus altas temperaturas (que alcanzan millones de grados Celsius) hacen que esta piscina de gas reluzca con el suficiente brillo para emitir rayos X, detectables mediante satélites. Ese gas caliente

CHARLES MESSIER (1730-1817)

Messier nació en una gran familia en la región de Lorena de Francia. Se interesó por la astronomía después de que un espectacular cometa de seis colas apareciera en el cielo en 1744, seguido de un eclipse solar que habría presenciado en su ciudad natal en 1748. En 1751 se convirtió en astrónomo de la Armada, y se dedicó a documentar cuidadosamente fenómenos como el paso de Mercurio por delante del Sol en 1753. Su trabajo obtuvo un amplio reconocimiento por parte de las instituciones científicas europeas, y en 1770 entró a formar parte de la Academia Francesa de las Ciencias. Messier confeccionó su famoso catálogo, en parte, para ayudar a los buscadores de cometas de la época. Descubrió 13 cometas, y un cráter lunar y un asteroide llevan su nombre.

«La imagen es más que una idea. Es un vértice o cúmulo de ideas y está cargada de energía.»

Ezra Pound

recibe el nombre de medio intracumular. De forma similar, también la materia oscura se acumula en el pozo gravitatorio de cúmulos. Como los astrónomos intentan localizar materia oscura en un entorno diferente a las galaxias individuales, buscan dentro de los cúmulos signos inusuales que puedan ayudarlos a comprender de qué está hecha la materia oscura. Así, un estudio afirma haber descubierto un «proyectil» acelerado de materia oscura que se mueve de forma diferente al gas caliente que lo rodea en un cúmulo particular. No obstante, el origen de la materia oscura sigue siendo un misterio. Como los cúmulos son tan grandes, también pueden distorsionar la luz de las galaxias que están tras ellos. Provocando una curvatura en la luz al pasar, actúan como «lentes gravitacionales» (véase la p. 152) gigantes, aunque granuladas, emborronando las galaxias lejanas, que se ven como curvas y manchas.

Cúmulo de Coma

Podemos imaginar los cúmulos, aunque suene poco atractivo, como montones de basura del cosmos, porque son tan grandes que en su interior hay de todo. Por tanto, son lugares intrigantes para los arqueólogos cósmicos. Además, al ser los objetos más grandes unidos por la gravitación, deberían contener proporciones de materia normal y oscura que sean representativas del universo en su conjunto. Si podemos contar y pesar todos los cúmulos, obtendremos la cifra aproximada de la masa total del universo. Y si conseguimos descubrir cómo crecen a lo largo del tiempo, observando cúmulos muy lejanos mientras se forman, quizás averigüemos cómo se ha desarrollado la estructura del universo desde el Big Bang.

La idea en síntesis: donde todo se reúne

31 Estructuras a gran escala

Las galaxias se extienden por el universo como estructuras de espuma. Los cúmulos se sitúan en las intersecciones de filamentos y láminas, que envuelven regiones desiertas llamadas vacíos. Esta red cósmica es el resultado de miles de millones de años de gravedad, durante los cuales las galaxias se han atraído unas a otras desde el momento en que nacieron.

En la década de los años ochenta del siglo xx, los instrumentos de los astrónomos habían mejorado tanto que podían medir los desplazamientos al rojo de muchas galaxias a la vez registrando sus características luminosas como múltiples espectros. Un grupo de astrónomos del Centro de Astrofísica de Harvard (CfA) decidió recoger sistemáticamente los desplazamientos al rojo de cientos de galaxias, para intentar reconstruir sus posiciones en el espacio en tres dimensiones. El estudio resultante, conocido como CfA Redshift Survey, reveló una nueva visión del cosmos.

Los astrónomos trazaron un mapa del vecindario de la Vía Láctea, desde su Grupo Local hasta los cúmulos más cercanos y el supercúmulo en cuyo borde se encuentra la Tierra. Conforme el catalogo crecía, exploraba regiones más lejanas. En 1985, los astrónomos habían recogido más de un millar de desplazamientos al rojo y habían recorrido una distancia de 700 millones de años luz. En 1995, el catálogo había registrado más de 18.000 desplazamientos al rojo correspondientes a galaxias relativamente brillantes en un área amplia del cielo septentrional.

Espuma cósmica El primer mapa resultaba sorprendente. Demostró que incluso a gran escala, el universo no era aleatorio. Las galaxias no estaban repartidas aleatoriamente, sino que parecían aferrarse a filamentos invisibles, desplegados en arcos sobre la superficie de burbujas alrededor de regiones desiertas llamadas vacíos. Esta estructura que recuerda a la espuma se conoce como «red cósmica». Los cúmulos de galaxias se formaban donde se superponían los filamentos. La mayor

Cronología

1977
El CfA inicia el estudio del desplazamiento al rojo

1985
Descubrimiento de la Gran Muralla de galaxias

«No podemos elaborar una doctrina de la creación sin tener en cuenta la edad del universo y el carácter evolutivo de la historia cósmica.»

John Polkinghorne

estructura que encontró el estudio se llamó la Gran Muralla y consistía en una banda de galaxias concentradas en una vasta región con unas dimensiones de 600 por 250 por 30 millones de años luz. Incrustados en esta franja, hay muchos cúmulos galácticos, incluido el famoso cúmulo de Coma, uno de los más grandes que hay cerca de nosotros.

Desde los primeros estudios, la tecnología ha facilitado todavía más el registro de desplazamientos al rojo, y actualmente se han podido localizar millones de galaxias en la mayor parte del cielo. El mayor catálogo realizado es el Sloan Digital Sky Survey, que lleva a cabo intensos barridos, año tras año, mediante un telescopio de 2,5 m de diámetro en el Apache Point Observatory en Nuevo México. Iniciado en el año 2000, el proyecto pretende localizar 100 millones de objetos, en más del 25 por 100 del cielo, y registrar desplazamientos al rojo de un millón de ellos. Para ello, recoge 640 espectros a la vez con unas placas de metal perforadas que llevan adosadas fibras ópticas. Hay que hacer una placa especial para cada zona del cielo, y cada noche pueden usarse hasta nueve placas.

Segregación galáctica El estudio Sloan nos ofrece una clara visión de las estructuras de galaxias en el universo. En todas las escalas medidas, las galaxias siguen patrones similares a una red. Como el estudio recoge tanto los espectros como las imágenes, los astrónomos pueden distinguir diferentes tipos de galaxias. Las galaxias elípticas tienden a ser relativamente rojas y sus espectros son similares a la luz de las estrellas antiguas. Las galaxias en espiral son más azules y sus espectros revelan la existencia de estrellas más jóvenes que se están formando en sus discos ricos en gas.

El estudio Sloan revela también que los diferentes tipos de galaxias tienen maneras diferentes de congregarse. Así, las galaxias elípticas prefieren los cúmulos y las regiones pobladas del espacio. Las espirales, a su vez, están repartidas más ampliamente y no suelen encontrar-

2000
Se inicia el Sloan Digital Sky Survey

2015
Comienza la construcción del Gran Telescopio para Rastreos Sinópticos

se en los centros de los cúmulos galácticos. Aunque por definición la mayoría de los vacíos están desiertos, pueden contener una pequeña cantidad de galaxias, normalmente espirales.

Líneas de absorción de cuásares Es fácil seguir la pista de las galaxias brillantes. Por el contrario, seguimos sin saber mucho sobre la materia oscura y el gas repartidos por el espacio. Las nubes de gas pueden verse cuando absorben la luz de objetos que están tras ellas. Los cuásares, objetos muy brillantes y lejanos, pueden servir como faros a cuyo alrededor buscar. En el momento en que absorbe la luz del Sol, y aparecen la líneas espectrales de Fraunhofer (véase la p. 32), el gas hidrógeno deja una huella reconocible en el espectro de luz de los cuásares. Por tanto, a través de esas líneas de absorción que producen, se pueden localizar nubes de hidrógeno. Otros elementos que dejan huella pueden medirse en la nube, aunque sus líneas de absorción son a menudo más débiles y difíciles de identificar.

La línea de absorción más fuerte del hidrógeno aparece en la región ultravioleta del espectro (a una longitud de onda de 121,6 nanómetros), y cuando se desplaza hacia el rojo aparece en longitudes de onda más largas. Se llama la línea Lyman-alfa. Del mismo modo, nubes de gas ricas en hidrógeno, a menudo poco contaminadas desde el Big Bang, que producen esta línea de absorción se denominan también a veces nubes Lyman-alfa. Si hay muchas nubes delante de la fuente de luz cuásar, cada una de ellas producirá un marca en el espectro en la longitud de onda correspondiente a su desplazamiento hacia el rojo. La serie resultante de líneas negras que aparecen en la luz ultravioleta emitida por el cuásar recibe el nombre de bosque Lyman-alfa.

Si se investigan muchos cuásares de fondo, se podrá calcular la distribución de nubes de hidrógeno que hay delante de ellos. En general, los astrónomos ven que el gas también sigue de cerca las estructuras donde hay galaxias. Sobre la materia oscura se sabe mucho menos,

Estudios futuros

Se espera que las siguientes generaciones de estudios puedan captar secuencias semejantes a películas de todo el cielo y en múltiples colores. El Gran Telescopio para Rastreos Sinópticos es un telescopio de 8,4 m de diámetro, con una cámara digital de 3.200 millones de píxeles incorporada, que se está construyendo actualmente en Chile. En una sola exposición, cubre una zona equivalente a 49 veces el área de la Luna y, a partir de finales de 2025, será capaz de retratar el cielo cada semana. Este tipo de telescopios estudiará los misterios de la materia y la energía oscuras y detectará objetos que cambian o se mueven, como las supernovas o los asteroides.

porque, al no interactuar con la luz, no puede verse brillando o en un proceso de absorción. No obstante, los astrónomos sospechan que también se sitúa muy a menudo cerca de las agrupaciones de galaxias.

«La ficción es como una tela de araña: aunque muy levemente, sigue unida a la vida por las cuatro esquinas. A menudo, esa vinculación es apenas perceptible.»

Virginia Woolf

La atracción de la gravedad La red cósmica está causada en último término por la gravedad, que actúa en las galaxias desde que se formaron. Las estrellas y galaxias crecieron a partir del hidrógeno primordial que cubrió el universo temprano tras el Big Bang. A lo largo del tiempo, las galaxias se fueron uniendo de manera que se desarrollaron filamentos, cúmulos y murallas. Los astrónomos saben a grandes rasgos cómo se había distribuido la materia 400.000 años después del Big Bang, porque fue el momento en que se liberó el fondo cósmico de microondas. Sus puntos calientes y fríos nos dicen cómo era entonces el universo lleno de bultos, mientras que los estudios del desplazamiento hacia el rojo nos dicen lo irregular que es ahora y en el pasado reciente. Así, los astrónomos intentan unir ambas instantáneas para estudiar qué procesos hicieron pasar al universo de su estadio infantil a la madurez.

El patrón preciso de la espuma cósmica depende sensiblemente de muchos parámetros de teorías cosmológicas. Ajustándolos, los astrónomos pueden restringir la geometría del universo, la cantidad de materia que hay, y también las características de la materia oscura y la energía oscura. Para hacerlo, preparan inmensas simulaciones por ordenador usando todos los datos de los que disponen.

No obstante, las respuestas siguen sin ser simples. La materia oscura puede influir en la solución y no tenemos ni idea de cómo. Los modelos que consideran los tipos «fríos» de materia oscura (las partículas exóticas de movimiento lento) predicen una mayor acumulación en grandes escalas de la que se ve. Si las partículas de la materia oscura se mueven rápido, es decir, son «calientes» o «templadas», emborronarían las estructuras de pequeña escala más de lo que también se aprecia. Así pues, los datos de las acumulaciones galácticas sugieren que la materia oscura se encuentra en algún punto intermedio. Del mismo modo, un exceso de energía oscura actúa como contrapeso para la gravedad y ralentiza la acumulación de galaxias. La apuesta más segura sería decir que el universo se encuentra en una situación de equilibrio de fuerzas.

La idea en síntesis: la red cósmica

32 Radioastronomía

Las radioondas abren una nueva ventana al universo violento. Producidas por supernovas y chorros que emanan de los agujeros negros, las radioondas identifican las partículas de movimiento rápido en campos magnéticos fuertes. Sus ejemplos más extremos son las radiogalaxias, en las que los chorros gemelos de material emiten lóbulos, con aspecto parecido a una burbuja, mucho más lejos que las estrellas de las galaxias. La distribución de las radiogalaxias también respalda el modelo del Big Bang.

La radiación del fondo cósmico de microondas no es el único descubrimiento astronómico que se produjo al intentar explicar la estática en los receptores de radio (véase la p. 64). En la década de los años treinta del siglo XX, un ingeniero que trabajaba para los Bell Telephone Laboratories, llamado Karl Jansky, descubrió una señal que aparecía cada 24 horas, mientras investigaba el ruido que perturbaba las transmisiones transatlánticas de onda corta. Al principio, sospechó que podría ser el Sol, ya que otros científicos, como Nikola Tesla y Max Planck, habían predicho que nuestra estrella debía emitir ondas electromagnéticas a lo ancho del espectro. Escuchando durante más tiempo, descubrió que no provenía de esa dirección. Su frecuencia era también ligeramente inferior a 24 horas, y, como encajaba con la rotación diaria del cielo, vista desde la Tierra giratoria, concluyó que tenía un origen celeste. En1933, Jansky averiguó que la estática provenía de la Vía Láctea, sobre todo de la constelación de Sagitario, que alberga el centro de nuestra galaxia. El hecho de que no proviniera del Sol indicaba que no debía surgir de las estrellas sino del gas y el polvo interestelar. Jansky no siguió estudiando astronomía. No obstante, se lo recuerda como el padre de la radioastronomía, y se bautizó con el nombre de Jansky (Jy) a una unidad de luminosidad (densidad de flujo).

Otro pionero fue Grote Reber, un entusiasta radioaficionado de Chicago, Illinois, que construyó el primer radiotelescopio en su patio tra-

Cronología

1933
Jansky detecta la Vía Láctea en la radio

1937
Reber construye el primer radiotelescopio

sero en 1937. Construyó un plato parabólico reflectante de más de 10 metros de diámetro, y aseguró un detector de señales de radio en su centro, a una altura de unos 7 metros. El receptor de radio amplificó las radioondas cósmicas millones de veces. Estas señales electrónicas se derivaban entonces a un plóter que registraba los datos en un gráfico.

«Nuevas ondas de radio descubren el centro de la Vía Láctea [...] Ni rastro de señales interestelares.»

New York Times, 1933

Radiotelescopios Aunque los radiotelescopios pueden operar durante el día (no les afecta la luz del Sol), Reber realizó sus observaciones de noche para evitar la contaminación producida por las chispas de los motores de automóviles. Durante los años cuarenta del siglo xx, midió el cielo en radioondas. Trazando un mapa de curvas de nivel con su brillo, consiguió esbozar la forma de la Vía Láctea, con las emisiones más brillantes provenientes del centro de la galaxia. También detectó otras diversas fuentes brillantes de ondas de radio, incluyendo las de las constelaciones de Cygnus y Casiopea. En 1942, el oficial investigador del ejército británico J. S. Hey detectó ondas de radio del Sol. Aunque la ciencia de la radioastronomía despegó después de la Segunda Guerra Mundial, la mayor parte de la tecnología surgió cuando los países iniciaron una competición para construir sistemas de radar. El Radar —abreviatura de RAdio Detection And Ranging— también llevó a la construcción de muchos instrumentos electrónicos que hicieron posible buena parte de la tecnología que usamos hoy.

Catálogos A principios de la década de los cincuenta del siglo xx, los físicos de Reino Unido y Australia elaboraron catálogos del cielo de radioondas usando una técnica llamada radiointerferometría. Mientras que el telescopio de Reber tenía un solo plato y detector, como un espejo en un telescopio óptico reflectante, los interferómetros de radio usan muchos detectores re-

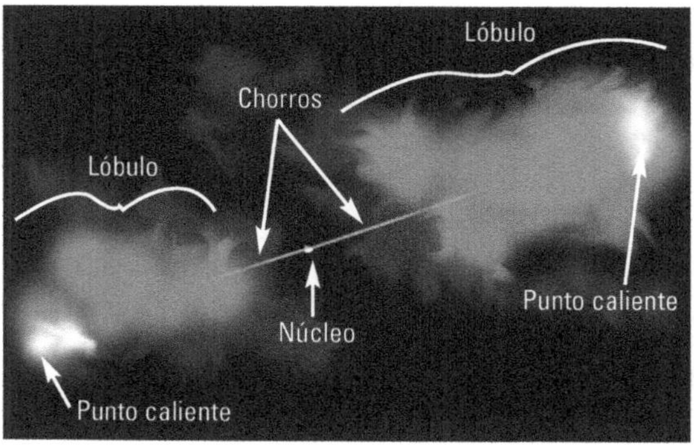

1953
Se demuestra que Cygnus A tiene una doble fuente de radio

1959
Publicación del *Tercer Catálogo de Cambridge de Radiofuentes* (*3C*)

Ruido cósmico

Podemos detectar el ruido de la Vía Láctea con un aparato de radio. Desintonicemos cualquier emisora, de modo que solo se oiga el ruido estático. Después movamos su antena alrededor y notaremos que el ruido se hace más alto y suave. El ruido añadido se explica porque captamos las radioondas de la Vía Láctea.

partidos en una extensión más amplia. Ese despliegue equivale a usar un espejo grande; pero combinando las señales de muchos detectores, los astrónomos pueden conocer regiones del cielo con mayor precisión de la que permitiría un solo plato grande. Ese sistema es ideal para hacer catálogos. Usando un interferómetro de radio en Cambridge, los físicos británicos Antony Hewish y Martin Ryle empezaron a catalogar las radiofuentes brillantes en el cielo septentrional, trabajando a una frecuencia de 159 MHz.

Después de dos anteriores, publicaron en 1959 su *Tercer Catálogo de Cambridge*, o 3C para abreviar, que se consideró el primero de alta calidad. Las versiones anteriores fueron acusadas de problemas de calibración, y su veracidad provocó enfrentamientos con astrónomos en Australia que estaban realizando catálogos del cielo meridional al mismo tiempo. Entre 1954 y 1957, Bernard Mills, Eric Hill y Bruce Slee, con el telescopio Mills Cross de Nueva Gales del Sur, registraron y publicaron listas de más de 2.000 radiofuentes. Para cuando el 3C se publicó, los investigadores habían resuelto sus diferencias y estudiaban el cielo desde ambos hemisferios.

A continuación se planteó la cuestión de la naturaleza de las fuentes de radio y empezaron a buscarse espectros ópticos. Sin embargo, como apenas se conocían las posiciones de las fuentes de radio, fue difícil identificar las estrellas o galaxias de que procedían. No obstante, el secreto acabó desvelándose. Además del centro de la Vía Láctea, algunas de las fuentes más brillantes son objetos pocos usuales de nuestra galaxia. Por ejemplo, Casiopea A y la nebulosa del Cangrejo son vestigios de una supernova, cáscaras de gas apagadas creadas por la explosión catastrófica de una estrella moribunda. Además, en el centro de la última hay un púlsar.

Radiogalaxias Otras fuentes son más extremas. La fuente brillante de Cygnus, conocida como Cygnus A, es una galaxia lejana. Reber la descubrió en 1939, y más tarde, en 1953, se demostró que no tenía una sola fuente, sino dos. Esa doble fuente es característica de muchas galaxias radioemisoras. En ambos lados de la galaxia hay dos «lóbulos» difusos, vastas burbujas infladas por haces finos de partículas energéticas que emanan del centro de la galaxia. La simetría de los lóbulos (suelen ser equidistantes y de similar tamaño y forma) sugiere que las impulsa un solo motor. Al parecer, ese motor es un agujero

«[El Big Bang] es un proceso irracional que no puede describirse en términos científicos [...] [ni] cuestionado por un llamamiento a la observación.»

Fred Hoyle

negro que merodea en el centro de la radiogalaxia. Cuando ese material es absorbido por el agujero negro, queda reducido a sus partículas elementales, que los chorros impulsan a velocidades cercanas a la de la luz. Las ondas de radio se producen porque las partículas interactúan con fuertes campos magnéticos y producen la «radiación de sincrotón». La mayoría de las ondas de radio del espacio surgen de interacciones entre partículas y campos magnéticos (en el gas difuso caliente que rodea nuestra propia galaxia y los cúmulos galácticos, o en chorros o cerca de objetos compactos donde los campos magnéticos se intensifican, como los agujeros negros). El centro de nuestra Vía Láctea alberga también un agujero negro.

Ryle frente a Hoyle El número de radiofuentes del universo resultó crucial para la teoría del Big Bang. Ryle, un científico de la Universidad de Cambridge algo polémico y especializado en radioastronomía, mantuvo un famoso enfrentamiento con Fred Hoyle, un carismático astrónomo del Instituto de Astronomía, que estudiaba el proceso de nucleosíntesis, es decir, la formación de elementos en las estrellas y en el Big Bang. En los días anteriores al descubrimiento del fondo cósmico de microondas, el modelo del Big Bang no se aceptaba, de hecho el propio Hoyle acuñó la expresión de «Big Bang» para ridiculizarlo. Él se decantaba por un modelo «estacionario» del universo, y argumentaba que no tenía un principio y que siempre había existido. Por tanto, esperaba que las galaxias estuvieran esparcidas por el espacio al azar, extendiéndose hasta el infinito. No obstante, Ryle había descubierto pruebas de que las fuentes de radio no se extendían uniformemente, pues comprobó que había más fuentes de radio moderadamente brillantes de las que se habrían esperado en una distribución aleatoria. Así, argumentó que el universo debía ser finito y que el modelo del Big Bang era cierto. Ryle demostró estar en lo cierto cuando tuvo lugar el descubrimiento del fondo cósmico de microondas, aunque los dos grandes astrónomos siguieron enfrentados. Hasta ahora, los dos grupos de investigación siguen trabajando de forma independiente por su historial de hostilidades.

La idea en síntesis: paisaje de radio

33 Cuásares

Los objetos más lejanos y luminosos del universo son cuásares. Su extrema luminosidad se debe a que la materia cae en un agujero negro del centro de una galaxia. Por sus características geométricas, tienen aspectos muy distintos según la dirección desde la que se los observe y pueden parecer inusuales «galaxias activas» con líneas de emisión estrechas. Todas las galaxias pueden pasar por una fase de cuásar, que desempeña un importante papel en su creación.

Durante la década de los años sesenta una nueva clase de estrella desconcertó a los astrónomos. En sus inusuales espectros se veían líneas de emisión brillantes, pero las líneas no parecían estar en las longitudes de onda correctas para que pudieran adjudicarse a elementos conocidos. ¿Ante qué tipo de objeto nos encontrábamos? En 1965, un astrónomo holandés, Maarten Schmidt, se dio cuenta de que las líneas sí se correspondían a elementos normales, incluida la característica secuencia debida al hidrógeno, pero que presentaban un enorme desplazamiento hacia el rojo.

Los desplazamientos al rojo indicaban que esas «estrellas» se encuentran a una enorme distancia de nosotros, mucho más allá de la Vía Láctea y del reino de galaxias. No obstante, no parecían galaxias borrosas, sino que eran fuentes de luz puntuales. Además, para estar a las distancias que señalaban sus desplazamientos al rojo, eran excesivamente brillantes. Resultaba sorprendente que algo que tenía el mismo aspecto que una de las estrellas de nuestra galaxia estuviera de hecho localizada mucho más lejos que el Supercúmulo Local. ¿Qué objeto podría generar semejante energía?

Cuásares Los astrónomos se dieron cuenta de que el único modo de producir la energía que tenían esos objetos extragalácticos, también llamados «objetos cuasi estelares» o QSO, era a través de un comportamiento extremo de la gravedad, que se produciría concretamente cerca de los agujeros negros. La materia que cayera en el centro de la galaxia podría elevar su temperatura mediante la fricción e irradiar su-

Cronología

1965 Schmidt identifica los cuásares

1979 Se observa la primera lente gravitacional de un cuásar

«Si un coche tuviera un consumo tan eficiente como estos agujeros negros, podría teóricamente viajar durante millones de km con 5 litros de gasolina.»

Christopher Reynolds

ficiente luz como para explicar la enorme luminosidad de los QSO. La luz del punto central eclipsa el resto de la galaxia, de manera que, desde lejos, parecería una estrella. Una parte de QSO, alrededor de un 10 por 100, también emite ondas de radio: reciben el nombre de fuentes «cuasi estelares», o «cuásares» para abreviar. A menudo, nos referimos a este tipo de objetos simplemente como cuásares.

Como el gas, el polvo o incluso las estrellas describen una espiral cuando se acercan a un agujero negro, el material se congrega formando un disco, llamado «disco de acreción» y que sigue las leyes de Kepler. Igual que los planetas de nuestro propio sistema solar, el material de las partes internas del disco orbita más rápidamente que en las partes externas. Las cáscaras adyacentes de gas se frotan unas contra otras y se calientan hasta alcanzar una temperatura de millones de grados, y finalmente empiezan a brillar. Los astrónomos predicen que las partes internas del disco de adición son tan calientes que emiten rayos X; las partes externas son más frías y emiten radiación de infrarrojos. La luz visible proviene de las regiones intermedias.

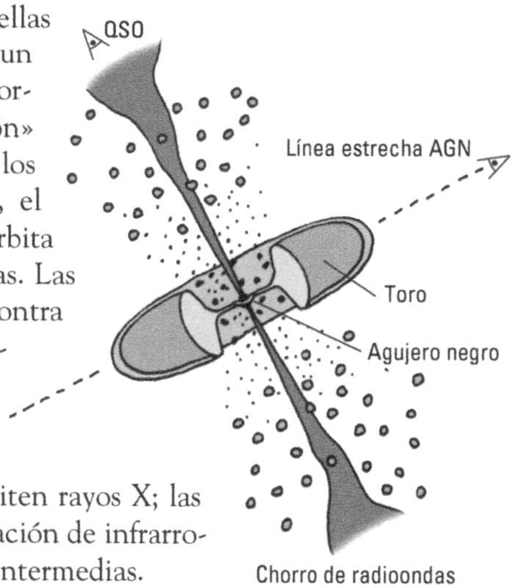

Este abanico de temperaturas genera emisiones en una amplia horquilla de frecuencias. Cada temperatura corresponde a un espectro de cuerpo negro característico que alcanza su nivel más alto a una energía diferente. Así, los cuásares irradian desde infrarrojos lejanos a rayos X, una gama de emisiones mucho más extrema que la de cualquier otra estrella. Si además hay fuertes campos magnéticos y haces de partículas, igual que ocurre en el caso de las radiogalaxias, el cuásar también muestra emisión de radio. La presencia de una fuente de luz

Entornos cuásar

Los núcleos galácticos activos pueden encontrarse tanto en anfitriones elípticos como espirales. No obstante, algunas clases de AGN se encuentran mayoritariamente en ciertos entornos: las poderosas fuentes de radio tienden a estar unidas a grandes galaxias elípticas; las galaxias en espiral con núcleos activos suelen tener emisores de radio débiles; y las galaxias activas se encuentran habitualmente en grupos de galaxias y cúmulos. Esto ha sugerido a algunos científicos que las colisiones pueden tener que ver con la activación de agujeros negros. Si una de las galaxias involucrada en la fusión es una espiral, aportaría ciertos componentes gaseosos que se introducirían en el agujero negro y provocarían que se iluminara.

tan brillante y energética produce otro elemento característico de los cuásares: unas líneas de emisión amplias. Las nubes de gas que flotan encima del disco pueden iluminarse, haciendo que brillen en unas líneas espectrales que reflejan su composición química. Debido a la proximidad del agujero negro central, las nubes se desplazan muy rápido, de manera que estas líneas de emisión se vuelven más amplias debido al efecto Doppler. Las líneas de emisión de los cuásares son mucho más amplias que en otros tipos de galaxias, donde suelen ser estrechas.

Galaxias activas Los cuásares son el ejemplo más extremo de un tipo de galaxias con agujeros negros con disco de acreción, llamadas núcleos galácticos activos o AGN, por sus siglas en inglés. La presencia de un agujero negro se detecta porque captamos las características líneas de emisión que produce el gas altamente ionizado a causa de las altas temperaturas que se generan cerca del agujero negro. Solo podemos ver las líneas amplias si las regiones más cercanas al agujero negro pueden verse directamente. En otros tipos de AGN, las regiones interiores pueden quedar ocultas por densas nubes de gas y polvo distribuidas en un toro en forma de rosquilla, de manera que las líneas amplias se oscurecerían. Aunque solo siguen siendo visibles las líneas estrechas, los altos niveles de ionización de las líneas revelan la presencia del monstruo en el corazón del AGN.

Es posible que las distinciones de diversos tipos de cuásares y galaxias activas se deban simplemente a que se están observando desde ángulos de visión distintos. Así, muchas galaxias pueden poseer material que las oscurezca sobre todo alrededor de su eje más grueso y mostrar, por ejemplo, sendas de polvo. Por tanto, si viéramos esas mismas galaxias de perfil, ese material añadido y cualquier otro toro de polvo nos impediría ver un agujero negro central. En cambio, podemos ver el centro con más claridad a lo largo del eje más corto de la galaxia. Así, los cuásares podrían verse especialmente cerca del eje corto y, en cambio, desde un lado, no se verían las líneas anchas del AGN.

Esquemas unificados La teoría de que los diferentes tipos de AGN pueden surgir simplemente del ángulo de la observación se conoce como «esquema unificado». La idea básica funciona muy bien para los cuásares y otras galaxias activas que están bien relacionadas con sus propiedades a gran escala, como la luminosidad de las ondas de radio o la luminosidad de la galaxia. Sin embargo, hay diversas variantes de AGN. El brillo intrínseco del AGN, a través del tamaño de su agujero negro, puede afectar a la nitidez con la que veamos su centro. Asimismo, los centros de AGN débiles pueden estar más enterrados que los más fuertes. Y los AGN jóvenes, cuyos agujeros negros centrales acaban de encenderse, pueden parecer más oscuros que los antiguos, que han tenido más tiempo para eliminar material. Además, la presencia o la ausencia de la emisión de radioondas sigue siendo un factor por explicar. Algunos astrónomos consideran que las emisiones de radio surgen de los agujeros negros rotatorios, o que son la consecuencia de ciertos tipos de colisiones galácticas.

«Brilla, brilla, casi estrella. La más misteriosa y lejana. Diferente a todas las demás. Con la luz de millones de soles. Brilla, brilla, casi estrella. Me pregunto qué serás.»

George Gamow

Retroalimentación Los astrónomos comprenden cada vez mejor cómo la presencia de un agujero negro con disco de acreción afecta al desarrollo de una galaxia.

Cuando está activo, el agujero negro central puede absorber gas de la galaxia, dejando tras él menos combustible para que se formen nuevas estrellas. Esto puede explicar, por ejemplo, por qué las galaxias elípticas contienen poco gas y una cantidad baja de estrellas jóvenes. Por el contrario, si el AGN se activa después de la colisión, cualquier gas que entre después podría iniciar un rápido estallido que genere una estrella, de manera que una galaxia podría pasar por una fase en la que se oscureciera mucho y estuviera construyendo nuevas estrellas. Mientras el AGN sigue encendido, limpia el desorden y hace estallar el gas externo, hasta que el combustible se agota y se apaga. Esos ciclos pueden tener un papel clave en la formación de las galaxias, ya que actúan como una especie de termostato. Los astrónomos sospechan ahora que todas las galaxias pasan por fases de actividad, quizás durante un 10 por 100 del tiempo. La «retroalimentación» que resulta influye drásticamente en la naturaleza consiguiente de la galaxia.

La idea en síntesis: termostato galáctico

34 Fondo de rayos X

Los rayos X son precursores de la física extrema, y los telescopios de rayos X que funcionan desde el espacio nos muestran regiones violentas, donde reinan agujeros negros o donde el gas alcanza temperaturas de millones de grados en cúmulos galácticos. Todos estos objetos unidos crean un tenue resplandor de rayos X en el cielo, llamado fondo de rayos X.

Los avances en astronomía a menudo se consiguen al abrir nuevas ventanas en el universo. Galileo lo hizo mirando por un telescopio y los radioastrónomos descubrieron nuevos fenómenos, incluidos los agujeros negros, usando receptores de radio para recoger las señales del cosmos. En el otro extremo del espectro electromagnético se encuentran los rayos X. Siglos después del nacimiento de la astronomía, nació la astronomía de rayos X. Los rayos X se generan en regiones cósmicas extremas, que sean muy calientes o impregnadas de campos magnéticos. Éstos incluyen muchos objetos de interés astronómico, desde cúmulos galácticos a estrellas de neutrones. Y no obstante, como transportan tanta energía en cada fotón, resulta difícil captar los rayos X con un telescopio. Como sabemos por su uso médico en chequeos, los rayos X atraviesan la mayoría de los tejidos blandos de nuestro cuerpo. Si se disparan contra un espejo, no se reflejan, sino que se incrustan, como una bala disparada contra una pared. Por tanto, los telescopios de reflexión no sirven para estudiar los rayos X. Del mismo modo, las lentes fabricadas con cristal no funcionarán. El modo de controlar los rayos X es hacerlos rebotar contra un espejo en un ángulo cerrado, como un arañazo (saldrán despedidos como una pelota de ping pong y podrán observarse). Los rayos X pueden atraparse usando una serie de espejos curvados especiales deflectantes, a menudo con un recubrimiento de oro, para maximizar su reflectividad.

Rayos X cósmicos Los rayos X del espacio también son absorbidos por nuestra atmósfera. Por tanto, los astrónomos tuvieron que esperar a la era de los satélites para poder ver el universo de rayos X. En 1962 un astrónomo italoamericano llamado Riccardo Giacconi y su

Cronología

1895

Röntgen descubre los rayos X en el laboratorio

equipo lanzaron un detector al espacio y vio la primera fuente de rayos X aparte del Sol, llamado Scorpius X-1, que es una estrella de neutrones. Un año más tarde lanzaron el primer telescopio de imagen por rayos X (que casualmente tenía un tamaño similar al telescopio de Galileo en 1610). Los astrónomos hicieron observaciones bastas de manchas solares y tomaron imágenes de la Luna en rayos X.

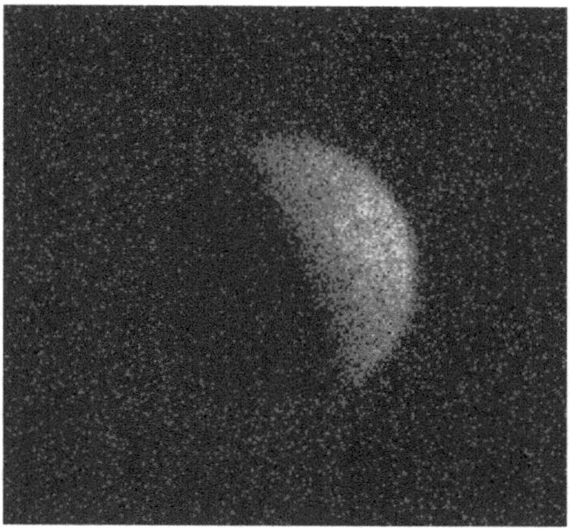

El cielo nocturno es más brillante en rayos X que el lado oscuro de la Luna

La imagen de la Luna demostró algo sorprendente. La Luna estaba en parte iluminada, ya que aparecía oscura por un lado y brillante por el otro, como podría esperarse de su fase y de la luz solar que se reflejaba en su superficie. Pero el cielo que estaba detrás de ella no era oscuro: también resplandecía. Cazar los rayos X es tan difícil que estas imágenes se forman mediante fotones individuales: el fondo del cielo demostró más fotones que el lado oscuro de la Luna, que lo oscurecía. Giacconi había descubierto el fondo de rayos X.

Fondo de rayos X Aunque ambos surgen a distancias cósmicas, el fondo de rayos X es diferente del fondo de microondas. El primero proviene principalmente de muchas estrellas individuales y galaxias, que se mezclan, del mismo modo que la Vía Láctea está compuesta de muchas estrellas aunque parezca una banda difusa al ojo desnudo. El fondo de microondas cósmico, por otro lado, se debe a la radiación fósil del Big Bang que impregna el espacio, y no se asocia con ninguna galaxia particular.

La investigación para averiguar el origen de estos rayos X cósmicos requirió décadas de estudio y varias misiones más. Las mediciones más recientes proceden del observatorio Chandra de la NASA, que tiene una capacidad de visión lo suficientemente aguda para diseccionar el fondo de rayos X. Los astrónomos han descubierto por ahora más del 80 por 100 de las fuentes que se combinan para producir el fondo de rayos X; sospechan que el resto debe producirse de manera similar, pero no pueden identificar esos objetos. Cuarenta años después de los

1962
Giacconi lanza un detector de rayos X al espacio

1999
Se lanza al espacio el observatorio Chandra de rayos X

El observatorio espacial Chandra

El observatorio de rayos X Chandra de la NASA se lanzó al espacio en 1999. Para captar los fotones de rayos X que rebotan, el telescopio funciona mediante unos espejos cilíndricos que no se parecen mucho a los espejos en forma de copa de los telescopios ópticos. Las cuatro parejas de espejos deben estar tan pulidas que su superficie es precisa hasta el átomo (lo que equivaldría a que el accidente más abrupto de la Tierra fuera una montaña de solo dos metros). Los rayos X se canalizan en cuatro instrumentos que miden su número, posición, energía y tiempo de llegada.

logros pioneros de Giacconi, se han detectado más de 100.000 fuentes de rayos X, la más lejana de las cuales está a 13.000 millones de años luz de la Tierra.

Física extrema Hay una amplia gama de objetos astronómicos que emiten rayos X. Los rayos X se producen en gases que están a una temperatura de millones de grados, lo que ocurre en regiones con campos magnéticos altos, una gravedad extrema o en explosiones. Entre los objetos más grandes, encontramos cúmulos galácticos: el gas caliente que los impregna se extiende a lo largo de una región de millones de años luz y puede contener suficiente materia para que se formen cientos de billones de estrellas. Los agujeros negros emiten rayos X: los cuásares y las galaxias activas son fuentes muy luminosas y puede seguirse su rastro a lo largo del universo. De hecho, la presencia de una fuente de rayos X puntual en el centro de la galaxia es un indicio de que hay un agujero negro. Gracias al satélite Chandra, los astrónomos han añadido imágenes de rayos X a los catálogos de galaxias realizados en distintas longitudes de onda. Así ha ocurrido, por ejemplo, con el Campo Profundo de Hubble y con ciertas partes de otros catálogos del cielo. Aplicando los parámetros de los rayos X, se han podido rastrear las cifras de agujeros negros del universo a lo largo de miles de millones de años. Dichos estudios sugieren que las galaxias con agujeros negros dotados de disco de acreción eran comunes en el pasado y que la actividad de los agujeros negros ha decaído desde su momento de apogeo. Este patrón, unido al hecho de que las estrellas se formaron más rápidamente en el pasado, puede significar que las colisiones de galaxias eran frecuentes en el universo temprano.

Algunos tipos de estrellas también brillan en rayos X. Las explosiones de estrellas y las supernovas desprenden emisiones energéticas, como ocurre con las estrellas colapsadas, que son destruidas por su propia gravedad cuando su núcleo ardiente decae a formas muy densas, como las estrellas de neutrones y las enanas. En un caso extremo, una estrella puede colapsar directamente en un agujero negro, pues se han detectado rayos X a tan solo 90 km del horizonte de sucesos de un agujero negro estelar.

«Al principio parecía un nuevo tipo de luz invisible. Claramente se trataba de algo nuevo, algo sin registrar.»

Wilhelm Konrad Röntgen

Como las estrellas jóvenes están más calientes, tienen unos rayos X más potentes que nuestro Sol. Pero las capas exteriores del Sol también desprenden rayos X, así ocurre especialmente con su corona, que está muy caliente y donde hay fuertes campos magnéticos. Las imágenes de rayos X son útiles para observar las turbulencias y el brillo de las estrellas, y nos permiten observar los cambios en ese comportamiento conforme las estrellas se hacen mayores. La mayoría de fuentes de rayos X de nuestra galaxia son sistemas binarios cerrados, parejas de estrellas, y como mínimo, una de ellas es una estrella colapsada, si no lo son ambas. La estrella compacta a menudo absorbe el gas de la otra estrella, lo que los convierte en sistemas muy activos.

WILHELM RÖNTGEN (1845-1923)

Wilhelm Röntgen nació en el Bajo Rin, en Alemania, y de niño, se fue a vivir a los Países Bajos. Estudió física en Utrecht y Zurich, y pasó por muchas universidades antes de conseguir las cátedras de las universidades de Wurzburgo y de Munich. Las investigaciones de Röntgen se centraron en el calor y el electromagnetismo, pero se hizo célebre por su descubrimiento de los rayos X en 1895. Mientras intentaba hacer pasar la electricidad a través de un gas de baja presión observó que una pantalla con un revestimiento químico desprendía un brillo fluorescente incluso cuando realizaba el experimento totalmente a oscuras.
Descubrió que aquellos nuevos rayos pasaban a través de muchos materiales, incluida la carne de la mano de su mujer, si la colocaba delante de una placa fotográfica. Los llamó rayos X porque su origen era desconocido. Más tarde, se descubrió que son ondas electromagnéticas como la luz, pero con una frecuencia mucho más alta.

La idea en síntesis: una ventana a un universo violento

35 Agujeros negros supermasivos

Acechando en el centro de la mayoría de las galaxias hay un agujero negro supermonstruoso. Con una masa millones o miles de millones de veces más grande que la del Sol, y con una extensión parecida al tamaño de un sistema solar, los agujeros negros supermasivos influyen en cómo crecen las galaxias. El tamaño del agujero negro está en proporción con la protuberancia de la galaxia, lo que implica que los agujeros negros son ingredientes fundamentales y que también pueden someter a la galaxia a grandes explosiones de energía si se activan durante colisiones galácticas.

Desde el descubrimiento de los cuásares y de los núcleos activos galácticos en la década de los sesenta del siglo XX, los astrónomos han averiguado que los agujeros negros gigantes (con una masa millones o miles de millones mayor que una sola estrella) pueden existir en los centros de las galaxias. En la última década, se ha comprobado que todas las galaxias pueden albergar agujeros negros. En la mayoría de los casos, están inactivos; en algunas circunstancias se iluminan cuando se introduce material en ellos, como cuando los vemos como cuásares. Hay varios modos de decir si hay un agujero negro en el centro de una galaxia. Lo primero que hay que hacer es observar los movimientos de las estrellas cerca del núcleo de la galaxia. Las estrellas viajan en órbitas alrededor del centro de masa de una galaxia, del mismo modo que los planetas en nuestro sistema solar giran alrededor de nuestro Sol. Sus órbitas también siguen las leyes de Kepler, de manera que las estrellas cercanas al centro de una galaxia recorren sus trayectorias elípticas más rápido que las que están en una posición más exterior. Las velocidades medias de las estrellas desvelan cuánta masa hay en el centro. Así que cuanto más cerca del centro consigamos medir la velocidad, más podremos precisar la cantidad y la extensión de la masa que está dentro de las órbitas de las estrellas interiores.

Cronología

1933
Jansky detecta el centro de la Vía Láctea en la radio

1965
Descubrimiento de los cuásares

Los astrónomos han descubierto que las estrellas que están más cerca del centro de la mayoría de las galaxias se mueven a una velocidad demasiado alta que no puede explicarse solo por las estrellas, el gas y la materia. Este fenómeno resulta evidente si se observan los cambios Doppler de las líneas espectrales de esas estrellas más recónditas. Los rápidos movimientos estelares implican la existencia de agujeros negros gigantes en el corazón de la galaxia, con millones o miles de millones de veces más masa que el Sol, y contenidos en una región del tamaño de nuestro sistema solar.

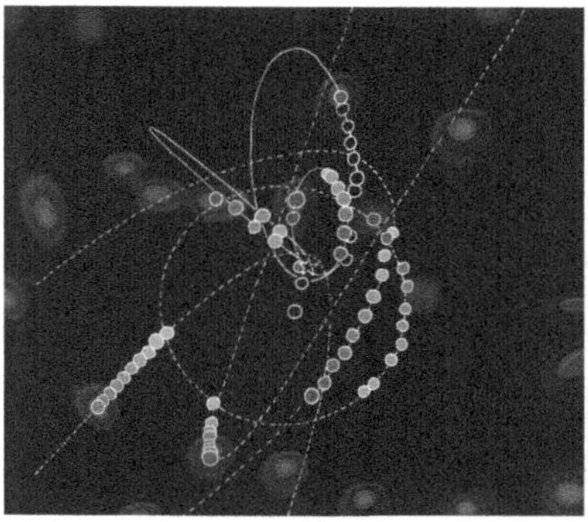

Las trayectorias de estrellas cerca del centro de la Vía Láctea revelan la presencia de un agujero negro

Nuestro centro galáctico La Vía Láctea tiene un agujero negro en su centro. El centro galáctico se encuentra en la constelación de Sagitario, cerca de una fuente llamada Sag A*. Los astrónomos han encontrado docenas de estrellas cercanas a ella, y ven pruebas claras de un agujero negro oculto en sus movimientos. Durante más de una década, las estrellas siguen sus órbitas, pero cuando llegan cerca del lugar donde se piensa que acecha el agujero negro, cambian repentinamente de dirección en ese punto y vuelven a lanzarse describiendo trayectorias alargadas. Algunos cometas de nuestro sistema solar siguen describiendo órbitas extremas similares, acelerando al pasar junto al Sol y disminuyendo la velocidad en los extremos helados de nuestro sistema solar exterior. Las estrellas del centro galáctico muestran que hay algo con una masa enorme, compacto e invisible en el centro de la Vía Láctea y cuya masa es cuatro millones de veces la del Sol: un agujero negro supermasivo.

Los radioastrónomos pueden medir de manera similar las velocidades de fuentes brillantes que pueblan las regiones centrales de las galaxias, tales como los objetos de agua máser, que emiten intensas radioondas debido a la estimulación de las moléculas de agua. En varias galaxias, la existencia de un agujero negro masivo y compacto se ha deducido gracias a las velocidades máser que siguen las leyes de Kepler.

Relación protuberancia-masa Antes de 2000, se consideraba que los agujeros negros supermasivos eran un componente poco usual de las galaxias. Resultaba evidente que las galaxias activas los tenían,

1993
Máseres de agua indican la presencia de un agujero negro en la galaxia NGC 4258

2000
Descubrimiento de la correlación entre la masa del agujero negro y la de la protuberancia

y aparecían en otras galaxias inactivas, pero no se consideraban elementos clave. No obstante, eso cambió rápidamente cuando la visión que tenían los astrónomos de las zonas centrales de las galaxias se aclaró con nuevos y poderosos telescopios e instrumentos que podían medir las velocidades de las estrellas. Enseguida resultó evidente que todas las galaxias tienen agujeros negros.

Además, la masa del agujero negro es proporcional a la masa de la protuberancia de la galaxia en la que se encuentra. Esta fue la conclusión de un estudio de cientos de galaxias durante el cual los astrónomos midieron la propagación de las velocidades de las estrellas en los centros galácticos para averiguar la masa central, y, después, compararon esos datos con la masa de su protuberancia. La correlación era casi de uno a uno. La tendencia se mantenía independientemente del tipo de galaxia, y planteaba nuevas preguntas sobre las relaciones entre los diferentes tipos, tal y como se disponían en el diagrama de diapasón de Hubble. Las protuberancias de las galaxias espirales y las elípticas no parecían similares en cuanto a sus colores y las edades de sus estrellas; esta nueva correlación sugirió que estas estructuras podrían haberse formado de una forma similar. Parecía que los discos eran, de hecho, características añadidas que podían crecer o destruirse.

Esa proporción también resulta sorprendente porque las masas de estos agujeros negros son tan solo una pequeña fracción (menos del 1 por 100) de la masa total de la galaxia. Por tanto, el agujero negro no influye en el campo gravitatorio más amplio de la galaxia, sino que solo se puede notar en su entorno inmediato.

¿Semillas o reliquias? ¿Cómo podrían formarse los agujeros negros supermasivos? Sabemos que pueden surgir pequeños agujeros negros cuando las estrellas masivas se colapsan al final de sus vidas: cuando una estrella deja de arder, no puede mantenerse unida contra su propia gravedad y estalla en una cáscara densa. ¿Pero cómo funcionaría eso a escalas millones de veces mayores? Una posibilidad es que los agujeros negros supermasivos sean las reliquias de las primeras estrellas, grandes y de vida corta. Un cúmulo de ellos podrían haberse unido en un solo agujero negro gigante. Por otra parte, los agujeros negros en

«[El agujero negro] nos enseña que el espacio puede arrugarse como una hoja de papel en un punto infinitesimal, que el tiempo puede extinguirse como una llama, y que las leyes de la física que consideramos "sagradas" inmutables, son cualquier cosa menos eso.»

John Wheeler

los centros galácticos podrían ser anteriores a las estrellas, y podrían haber existido cuando o poco después de que naciera el universo.

La siguiente pregunta que se plantea es cómo los agujeros negros aumentan de tamaño. Los astrónomos piensan que las galaxias crecen a través de las fusiones: engullendo a otras más pequeñas e impactando en otras grandes. Pero hay pocas galaxias donde sea evidente que hay agujeros negros dobles o múltiples, incluso en casos en que una fusión haya ocurrido recientemente. Esto sugiere que los agujeros negros centrales deben fusionarse rápidamente, aunque las matemáticas y las simulaciones por ordenador implican otra cosa.

Como los agujeros negros son tan densos y compactos, que si se lanzaran unos contra otros en una colisión, rebotarían en lugar de permanecer unidos. La diferencia entre lo que predice la teoría del agujero negro y lo observado en la práctica causa un desconcierto todavía mayor.

Retroalimentación Si aceptáramos que se pueden generar agujeros negros sin problema, de manera que su masa aumente junto con la de la protuberancia en la que se sitúan, se nos plantearía una pregunta: ¿cómo influyen los agujeros negros en una galaxia? Estamos seguros de que, al menos en el 10 por 100 de las galaxias, los agujeros negros están activos. Es plausible que los agujeros negros pasen por fases de actividad y de aletargamiento. Como promedio, deben estar encendidos, absorbiendo gas, durante el 10 por 100 de la vida de la galaxia. Los cuásares se ven claramente afectados por los chorros de alta energía que se producen, por los grandes flujos de gas ionizado, radiación y, a veces, de partículas radioemisoras que se generan en las proximidades de un agujero negro. ¿Podrían haber pasado todas las galaxias por fases activas similares? Los astrónomos sospechan que los agujeros negros siguen ciclos de activación tras las colisiones galácticas. Las fusiones vuelven a alimentar al agujero negro aportando nuevas reservas de gas de la otra galaxia. Entonces el agujero negro monstruoso se despierta emitiendo orgullosamente rayos X y despidiendo calor y flujos de partículas. La acumulación de gas también da el pistoletazo de salida a la formación de nuevas estrellas, de manera que la galaxia pasa por una fase de cambio considerable. Finalmente la aportación de gas se acaba y el agujero negro se muere de hambre y se apaga. La galaxia, entonces, vuelve a su estado inactivo, hasta la siguiente fusión. Los agujeros negros supermasivos pueden ser los termostatos que regulan el crecimiento de las galaxias.

La idea en síntesis: la perla negra de una galaxia

36 Evolución de la galaxia

Aunque Edwin Hubble apuntó la idea de que las galaxias cambian de un tipo a otro al clasificar las galaxias espirales y elípticas en un diagrama, todavía no se sabe cómo ocurre. Los astrónomos han descrito los diferentes tipos de galaxias, y han estudiado la distribución de millones de ellas por todo el universo. Ahora están realizando grandes simulaciones para intentar comprender cómo se forman las galaxias y cómo su carácter depende esencialmente de los ingredientes básicos del universo.

El primer elemento que hay que tener en cuenta para comprender la evolución de la galaxia es el fondo cósmico de microondas, puesto que es la primera instantánea disponible del universo temprano. Los puntos calientes y fríos que salpican su superficie sitúan las fluctuaciones en la densidad de la materia 400.000 años después del Big Bang, que surgieron de pequeñas irregularidades. Esas semillas, entonces, empezaron a crecer por acción de la gravedad, y agruparon cúmulos de hidrógeno para formar las primeras estrellas y galaxias.

La siguiente instantánea de la creación del universo que podemos ver son las galaxias de alto desplazamiento al rojo. Debido al tiempo que tarda la luz en viajar hasta nosotros, vemos las galaxias desplazadas al rojo tal y como eran hace miles de millones de años. Los astrónomos pueden literalmente ver el pasado buscando objetos que estén todavía más lejos. Desde la Tierra, ahora vemos las galaxias y cuásares que se encuentran tan lejos tal y como eran hace 13.000 millones de años. Por tanto, sabemos que las galaxias estaban allí 1.000 millones de años después del Big Bang (la edad del universo es de 13.700 millones de años). Esto significa que las galaxias se formaron muy rápidamente, bueno, dentro del periodo de vida de 1.000 millones de años de una estrella tipo como el Sol.

Cronología

1926
Diagrama de diapasón de Hubble

1965
Se identifican la radiación del fondo cósmico de microondas y los cuásares

«La razón por la que el universo es eterno es que no vive para sí mismo; da vida a los otros mientras se transforma.»

Lao Tzu

Al estudiar la formación de las galaxias, los astrónomos se enfrentan a un dilema del tipo del huevo o la gallina: ¿Se formaron primero las estrellas y se unieron después para crear galaxias? ¿O se formaron primero cúmulos de gas del tamaño de la galaxia y después se fragmentaron en miríadas de estrellas?

Los dos modelos de formación de las galaxias se llaman: modelo de «abajo a arriba», *bottom up*, y modelo de «arriba abajo», *top down*. Para distinguir entre ambos, necesitamos mirar más atrás en el tiempo para descubrir ejemplos de galaxias que se están formando. Esta época del universo es difícil de ver porque está envuelta en niebla: nos referimos a ella como «era oscura».

Reionización Cuando los fotones del fondo cósmico de microondas se liberaron, el universo pasó de tener carga eléctrica y ser opaco (los electrones y los protones podían dispersar fotones) a ser neutro y transparente. Los átomos se formaron cuando el universo se enfrió lo suficiente para que los electrones y protones se combinaran, produciendo un mar de hidrógeno neutro con unos cuantos elementos ligeros. No obstante, el universo que vemos hoy está ionizado casi por completo. El espacio intergaláctico está lleno de partículas cargadas y solo sigue habiendo hidrógeno en galaxias o nubes poco comunes. ¿Qué le pasó al hidrógeno? ¿Se ionizó y se disipó cuando las primeras estrellas se encendieron (un periodo conocido como la época de la reionización)? Podríamos comprobar si esas estrellas estaban aisladas o ya se habían acumulado en galaxias si pudiéramos ver las épocas en las que ocurrió la ionización. No obstante, investigar la época oscura del universo es muy difícil. En primer lugar, conocemos muy pocos objetos con unos desplazamientos al rojo tan altos. Las galaxias más distantes son muy tenues y rojas. Incluso aunque encontremos un objeto muy rojo, con colores que sugieran un desplazamiento al rojo muy alto, es muy posible que no sea fácil determinar la distancia a la que se encuentra. Las líneas intensas características del hidrógeno se

1977
Se inicia el Catálogo de Galaxias CfA

1992
El satélite COBE detecta ondas en el fondo cósmico de microondas

2000
Se inicia el Estudio Sloan de Galaxias

2022
Comienza la onstrucción del Square Kilometre Array

desplazan al rojo más allá del espectro visible al ojo humano, y llegan a la zona de infrarrojos, donde son más difíciles de detectar. Además, la luz ultravioleta que vemos desplazada al rojo dentro de la gama de longitud de onda visible queda absorbida casi por completo si hay mucho hidrógeno delante de la fuente. Incluso así, los astrónomos piensan que es posible que hayan visto un puñado de cuásares en el límite de la época de la reionización, donde esa absorción es irregular.

En la próxima década los astrónomos esperan encontrar muchos más objetos de la época oscura. El hidrógeno también absorbe radioondas a longitudes de onda características. Así, por ejemplo, una longitud de onda clave para una línea espectral es la de 21 cm, que se desplaza hacia el rojo a longitudes de onda más largas, según la distancia del objeto.

Se va a construir un nuevo radiotelescopio, el Square Kilometre Array, un proyecto internacional de envergadura, que incluirá muchas pequeñas antenas de radio repartidas a lo largo de un área de un kilómetro cuadrado. Tendrá una sensibilidad sin precedentes, y será lo suficientemente potente para trazar un mapa de las estructuras de gas hidrógeno neutro en el universo lejano para localizar las primeras galaxias.

Catálogos Se han encontrado cientos de galaxias lejanas gracias a sus característicos colores rojos. Algunos tipos de galaxias resaltan más que otros, por ejemplo, las elípticas y las ricas en hidrógeno tienen una luz azul y ultravioleta relativamente débil, que provoca una «acentuación» de su brillo cuando se fotografía con una serie de filtros de colores adyacentes. Las galaxias con rupturas muy pronunciadas (debido a la absorción de hidrógeno) se denominan galaxias de la discontinuidad de Lyman. Cuando los desplazamientos hacia el rojo son más bajos, catálogos de galaxias gigantes, como el Sloan Digital Sky Survey, han podido trazar el mapa de buena parte del universo cercano. Así, tenemos una idea bastante buena de la mitad reciente

Cantidad de agujeros negros

El papel de los agujeros negros supermasivos en la evolución de las galaxias es un enorme enigma aún sin resolver. Los astrónomos creen que la mayoría de las galaxias de un tamaño considerable alberga agujeros negros, cuyas masas son proporcionales al tamaño de la protuberancia de la galaxia. Pero las colisiones también afectan a los agujeros negros, ya que el gas que cae en ellos puede producir radiación y flujos tremendos en el corazón de una galaxia; además, las colisiones pueden dispersar los agujeros negros en lugar de frenarlos lo suficiente para que puedan fusionarse. Por tanto, el problema de la cantidad de agujeros negros del universo todavía está por resolver.

del universo, un conocimiento más esquemático de los desplazamientos al rojo más altos, un hueco en el conocimiento de la época oscura, y una instantánea del universo joven gracias a la radiación del fondo cósmico de microondas.

«La jerarquía funciona en un entorno estable.»

Mary Douglas

Con toda esta información, los astrónomos intentan unir las piezas de la historia. Usando superordenadores, elaboran enormes códigos que hagan crecer el universo desde las primeras semillas gravitacionales. Se incorporan el gas y varios tipos de materia oscura, determinados por las fluctuaciones de densidad iniciales detectadas en el fondo de microondas cósmico y en las acumulaciones de galaxias que se han visto cerca.

Modelos jerárquicos El modelo que actualmente se prefiere sugiere que las galaxias pequeñas se formaron primero, y colisionaron y se fusionaron al cabo del tiempo para producir galaxias más grandes. Se trata del modelo jerárquico. Las colisiones galácticas pueden ser furiosas y podrían fácilmente desbaratar una galaxia y cambiar su carácter. Así, dos espirales podrían chocar una contra otra y dejar tras sí un desorden que acabara estableciéndose y formando una galaxia elíptica. Posteriormente, esa elíptica podría robar un disco de algún vecino rico en gas. Y también muchos tipos de galaxias pueden ser resultado de reglas simples de agregación. Por lo general, no obstante, los tamaños se incrementan siguiendo este modelo.

Las galaxias no solo están compuestas de estrellas y gas: también tienen materia oscura, esparcida por todo un «halo» esférico. La naturaleza de la materia oscura afecta a cómo las galaxias colisionan y se acumulan. Las simulaciones realizadas sugieren que para que se formaran las galaxias que vemos hoy, la materia oscura no debería ser demasiado energética y, por tanto, se prefiere la «materia oscura fría» de movimiento lento por encima de otros equivalentes «calientes» de movimiento rápido, que habrían impedido que las galaxias pudieran unirse. También hay que tener en cuenta la energía oscura, que actúa contra la gravedad a grandes escalas. Los modelos que mejores resultados han conseguido en las simulaciones son los que usan la materia oscura fría, y que incluyen también un modesto grado de energía oscura.

La idea en síntesis: galaxias poderosas crecen a partir de otras más pequeñas

37 Lentes gravitatorias

El fenómeno de la lente gravitatoria se produce cuando un objeto masivo enfoca la luz de fuentes del fondo. Consideradas los telescopios de la naturaleza, las lentes gravitatorias amplifican los cuásares, las galaxias y las estrellas que están tras ellas, produciendo imágenes múltiples, arcos y anillos ocasionales. El estudio de las lentes gravitatorias es una poderosa herramienta para la astronomía, porque puede usarse para localizar material oscuro por todo el universo, incluida materia oscura.

Cuando Albert Einstein desarrolló su teoría de la relatividad general se dio cuenta de que los objetos masivos distorsionan el espacio-tiempo. Como consecuencia, las trayectorias de los rayos de luz que pasan cerca de ellos se curvan, en lugar de describir una línea recta. La curvatura de los rayos de luz resultante imita la acción de una lente y por ello este fenómeno se denomina lente gravitatoria.

Durante un eclipse solar total que se observó en 1919, el físico Arthur Eddington confirmó la predicción de Einstein de que los rayos de luz se curvan alrededor de las masas. Mientras observaba una estrella cerca de los bordes del Sol, Eddington vio que su posición cambiaba ligeramente cuando estaba cerca del Sol. Si imaginamos el espacio-tiempo como una lámina de goma, el peso del Sol formará una depresión en ella, por tanto los rayos de luz de una estrella lejana se curvarán a su alrededor cuando pasen cerca, de forma muy parecida a como una bola de billar rodaría alrededor de un bache en la mesa. Así, cuando la luz de las estrellas llega a nuestros ojos, después de que el Sol desvíe su trayectoria, parece que provenga de una dirección ligeramente diferente.

Einstein presentó una teoría sobre las lentes gravitatorias en 1936. Un año después, el astrónomo Fritz Zwicky postuló que los cúmulos

Cronología

1915
Teoría de la relatividad de Einstein

1919
Eddington confirma la relatividad general con la observación de un eclipse solar

«Todo el mundo continúa en su estado de reposo o movimiento uniforme en línea recta, excepto en la medida en que no lo haga.»

Arthur Eddigton

galácticos gigantes podrían actuar como lentes, y que su inmensa gravedad distorsionaría las galaxias y cuásares que estuvieran tras ellos. No obstante, el efecto no se descubrió hasta 1979, cuando se identificó un cuásar doble, es decir, dos cuásares adyacentes con espectros idénticos.

Multiplicando imágenes Si una galaxia masiva está situada entre nosotros y un cuásar se pueden producir múltiples imágenes de ese único cuásar de fondo. La masa de tal galaxia curva la luz del cuásar cuando pasa a su alrededor, canalizando los rayos en dos caminos a su alrededor. En general, disposiciones como esa producen extraños números de imágenes. Así, en el ejemplo anterior, del doble cuásar, debería verse una tercera imagen más tenue. Las imágenes del cuásar producidas por la lente también se amplifican. La curvatura de los rayos redirige la luz hacia delante desde todas las direcciones, desde todos los laterales del cuásar así como desde el frente, canalizándola hacia nosotros. Por tanto, las imágenes de los objetos tras pasar por una lente gravitatoria pueden ser mucho más brillantes que el original.

La gravedad de un cúmulo estira en forma de arco la luz de las galaxias de fondo

1936/1937
Einstein y Zwicky predicen el efecto de lente gravitatoria

1979
Confirmación de la primera lente gravitatoria de cuásar doble

2001
El proyecto de microlentes descubre MACHO cerca de las Nubes de Magallanes

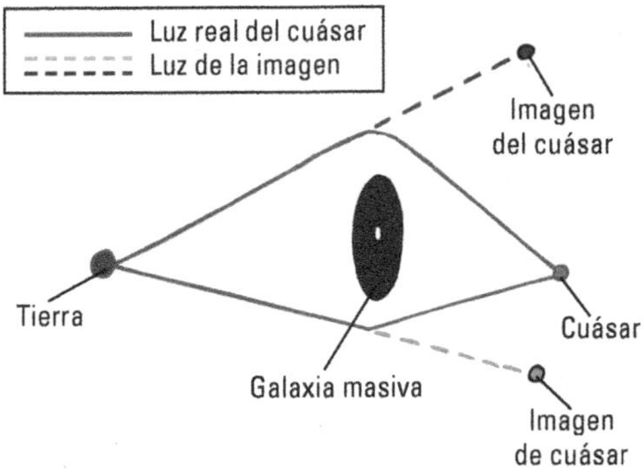

Las lentes no suelen alinearse exactamente entre nosotros y un cuásar lejano; una disposición así causa imágenes múltiples tal y como se muestran en el diagrama. No obstante si el objeto de fondo está exactamente alineado detrás de la lente, su luz se dispersa formando incluso un círculo, llamado anillo de Einstein. Si la lente está colocada un poco más lejos, el anillo se rompe en arcos y múltiples puntos.

Otra propiedad de las imágenes provocadas por una lente es que sus rayos de luz tardan un tiempo ligeramente diferente en viajar hasta nosotros, porque siguen trayectorias diferentes. Si el cuásar de fondo aumenta brevemente su brillo, la imagen que recorre el trayecto más largo experimentará un ligero retraso en el brillo. Conociendo la disposición del sistema del lentes, podemos usar esos retrasos para averiguar la constante de Hubble, es decir, el índice de expansión del universo.

Si el objeto de fondo es una galaxia, y por tanto tiene cierta extensión, y no es una fuente puntual, como un cuásar, entonces la lente gravitatoria desvía la luz de cada una de las partes de la galaxia. La galaxia entonces parece más borrosa y brillante. Como las galaxias lejanas siempre se ven muy tenues, la lente gravitatoria puede ser una herramienta muy útil para estudiar el universo temprano. Las galaxias amplificadas por cúmulos masivos son especialmente interesantes, puesto que esos cúmulos se presentan con frecuencia acompañados de arcos brillantes, cada uno de los cuales representa una galaxia de fondo emborronada por la masa del cúmulo. Los astrónomos pueden usar la forma de estos arcos para determinar la masa del cúmulo, y también pueden investigar las características de las galaxias distantes, que se amplifican y alargan.

Debilitación de lentes Imágenes múltiples, arcos y anillos se producen cuando la masa de la lente está concentrada y su efecto gravitatorio es intenso. En esos casos se habla de régimen fuerte de lente gravitatoria. También puede producirse un régimen débil cuando la masa está más extendida y repartida por el espacio. Alrededor de los bordes de los cúmulos, por ejemplo, las galaxias suelen extenderse un poco. Como cualquier galaxia individual tiene aspecto elíptico, es difícil decir si una galaxia particular se ha distorsionado o si ese es su aspecto normal. Pero, en general, los patrones pueden distinguirse. Las galaxias se alargan ligeramente cuando se produce un fenómeno de lente gravitatoria a lo largo de la tangente de un círculo, o contorno, que encierra la masa. Por tanto, en el caso de un cúmulo circular, las galaxias se alargan de manera que suelen formar anillos a su alrededor.

> **«Algo desconocido está haciendo algo que no sabemos.»**
>
> **Arthur Eddington**

De forma similar, un campo de fondo de galaxias puede extenderse y distorsionarse si una materia distribuida más ampliamente se coloca delante de él. Entonces vemos el universo lejano como si miráramos a través del viejo cristal de una ventana de un grosor desigual, en lugar de a través de una lente clara. Los astrónomos han detectado esos patrones de lentes débiles en imágenes profundas del cielo, mientras buscaban correlaciones en la orientación de galaxias elípticas. Si se supone que estas correlaciones se deben al fenómeno de lente gravitatoria, pueden averiguar la distribución de la materia del fondo. De este modo, intentan comprender la distribución de la materia oscura en el espacio.

Microlentes Las microlentes son otro tipo de lente gravitatoria. Se producen cuando un objeto de pequeño tamaño pasa por delante de una fuente de fondo, o cuando la masa de la lente está muy cercana al objeto de fondo, de manera que intercepta la luz solo parcialmente. Una técnica semejante se ha usado para buscar objetos que se suponen formados de materia oscura, de un tamaño similar al de Júpiter, y que se conocen como objetos astrofísicos masivos de halo compacto, o MACHO.

En la década de los noventa del siglo xx, los astrónomos observaron millones de estrellas cerca del centro galáctico y de las Nubes de Magallanes, y controlaron su brillo cada noche durante varios años. Vieron estrellas que brillaban de repente para inmediatamente después desvanecerse de un modo característico debido a la ampliación de una masa de fondo. Un equipo de observación australiano descubrió decenas de acontecimientos de este tipo, que atribuyeron a estrellas muertas o planetas interestelares gaseosos de una masa cercana a la de Júpiter. Se concentraban mayoritariamente cerca delcentro galáctico y no tanto en las Nubes de Magallanes, lo que sugería que tenía que haber más objetos, del tamaño de un planeta, dentro de nuestra galaxia que en las regiones exteriores de la Vía Láctea. Por tanto, la contribución de esos MACHO a la cantidad de materia oscura de la Vía Láctea era pequeña. Todavía se buscan otros objetos de materia oscura.

La idea en síntesis: el telescopio de la naturaleza

38 Clasificación estelar

Los colores de las estrellas nos hablan de su temperatura y su química, que finalmente está relacionada con su masa. A principios del siglo XX, los astrónomos clasificaron las estrellas de acuerdo con su tono y espectro, y encontraron modelos que hacían referencia a la física subyacente. La clasificación de las estrellas fue un logro de un grupo notable de mujeres astrónomas que trabajaron en Harvard en la década de los años veinte del siglo pasado.

Si se mira de cerca, se puede ver que las estrellas aparecen con muchos colores diferentes. Así, el Sol es amarillo, Betelgeuse es roja, Arcturus es también amarilla y Vega es blanca-azul. John Herschel denominó a este racimo de estrellas del hemisferio El Joyero (*Jewel Box*) porque relucía a través de su microscopio como «un cofre de varias piedras preciosas de diversos colores».

¿Qué nos dicen los colores? La temperatura es la causa principal de las tonalidades. Las estrellas más calientes tienen una apariencia azul, y sus superficies pueden llegar a alcanzar temperaturas de 40.000 K; las estrellas más frías resplandecen rojas y están solo a unos pocos miles de grados Kelvin. En medio, cuando las atmósferas son progresivamente más frías, el color de una estrella tiende al blanco, al amarillo y al naranja.

Esta secuencia de colores refleja la radiación de cuerpo negro emitida por cuerpos que son emisores y absorbentes de calor estables. Desde el acero fundido a los carbones de barbacoa, el color predominante con el que resplandecen, es decir, la frecuencia pico de las ondas electromagnéticas emitidas, es proporcional a la temperatura. Las estrellas emiten también en una gama de frecuencias estrecha centrada en ese pico, aunque sus temperaturas exceden enormemente la del carbón.

Cronología

1880

Pickering forma un equipo de mujeres en Harvard para trazar el mapa de las estrellas

Las calculadoras de Harvard

Los astrónomos de Harvard que hicieron eso eran un grupo inusual por aquel entonces. El líder del observatorio, Edward Pickering, contrató a muchas mujeres para realizar las repetitivas pero habilidosas tareas que se requerían para inspeccionar cientos de estrellas, desde hacer laboriosas mediciones a partir de placas fotográficas hasta realizar análisis numéricos. Pickering escogió a mujeres porque eran fiables y más baratas de contratar que los hombres. Varias de estas «calculadoras de Harvard» llegaron a ser astrónomas famosas por mérito propio, incluyendo a Annie Jump Cannon, que publicó el esquema de clasificación OBAFGKM en 1901, y Cecilia Payne Gaposchkin, que estableció que la temperatura era la razón subyacente para las secuencias de clases en 1912.

Espectros estelares A finales del siglo XIX, los astrónomos observaron con mayor detalle la luz estelar, clasificándola según los constituyentes de su arcoíris. Así como el espectro de la luz solar muestra vacíos en determinadas longitudes de onda, las llamadas líneas Fraunhofer, los espectros de las estrellas están rayados por líneas oscuras donde su luz es absorbida por los elementos químicos de los gases calientes que los envuelven. Las capas exteriores más frías absorben la luz producida por el interior más caliente.

El hidrógeno es el elemento más común en las estrellas, y por eso la firma de las líneas de absorción del hidrógeno es más fácilmente visible en sus espectros. Las longitudes de onda absorbidas reflejan los niveles de energía del átomo del hidrógeno. Estas frecuencias corresponden a fotones con la cantidad de energía correcta para permitir al electrón más exterior del átomo saltar de un peldaño al otro. Como los niveles de energía están espaciados como los trastes de una guitarra, y están más juntos en las frecuencias altas, las líneas de absorción que resultan —correspondientes a las diferencias entre los trastes— forman una secuencia característica.

Por ejemplo, un electrón en el primer nivel de energía puede absorber un fotón que le permita saltar al segundo nivel; o puede absorber un

1901
Se publica la clasificación de estrellas OBAFGKM

1906
Se identifican las gigantes rojas y las enanas rojas

1912
Se identifica la relación temperatura-color

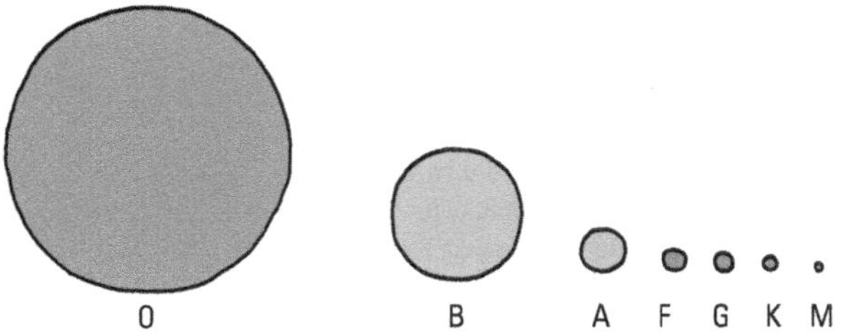

poco más de energía y llegar al tercer nivel, o incluso más y alcanzar el cuarto nivel, y así sucesivamente. Cada uno de estos pasos dicta la frecuencia de una línea de absorción. Para los electrones que ya están en el segundo nivel, se obtiene un patrón similar, pero trasladado a energías ligeramente más altas; y otro más, para los que están en el tercero. En el caso del átomo de hidrógeno, esas series de líneas llevan el nombre de físicos famosos: la de mayor energía, que aparece en el extremo ultravioleta, se llama serie Lyman, y las líneas que la componen se conocen como Lyman-alfa, Lyman-beta, Lyman-gamma y así sucesivamente. La siguiente serie, que aparece en la parte visible del espectro, es la serie Balmer, cuyas líneas primarias se conocen habitualmente como H-alpha, H-beta y así sucesivamente.

La intensidad de cada una de estas líneas de hidrógeno depende de la temperatura del gas que las absorbe. Así, midiendo las intensidades relativas de las líneas, los astrónomos pueden estimar su temperatura. Otros elementos químicos en las capas exteriores de las estrellas absorben luz, y la intensidad de sus líneas puede indicar también la temperatura. Las estrellas frías pueden tener fuertes líneas de absorción de elementos más pesados como el carbón, el calcio, el sodio y el hierro. A veces incluso tienen firmas de moléculas: una común es el dióxido de titanio, que es el mismo producto químico que se usa en las cremas protectoras solares. Los elementos pesados, que los astrónomos denominan colectivamente «metales», tienden a hacer a las estrellas más rojas.

Clasificación Así como los naturalistas identificaron las especies como un medio para comprender la evolución, los astrónomos han cla-

Magnitudes

En astronomía la luminosidad de las estrellas se mide en una escala logarítmica porque abarca una gran gama. Se estima que la estrella brillante Vega tiene una magnitud de 0; la estrella brillante Sirius tiene una magnitud de −1,5; y otras estrellas más tenues tienen magnitudes crecientes de 1, 2 y así sucesivamente. El factor multiplicativo es aproximadamente 2,5. Si las distancias se conocen, entonces se puede averiguar la «magnitud absoluta» de una estrella, es decir, su brillo a una distancia determinada, normalmente 10 pársecs (3,26 años luz).

sificado las estrellas de acuerdo a las características de su luz. Inicialmente las estrellas estaban clasificadas según la intensidad de varias líneas de absorción, pero una aproximación más integral se desarrolló en el Observatorio del Harvard College en los Estados Unidos a finales del siglo XIX y principios del XX.

«Un intento de estudio de la evolución de los organismos vivos sin referencia a la citología sería tan fútil como una explicación de la evolución estelar que ignorara la espectroscopia.»

J. B. S. Haldane

La clasificación de Harvard, usada todavía hoy, clasifica las estrellas de acuerdo a su temperatura. Desde las más calientes, con una temperatura que se acerca a los 40.000 K, a las más frías de 2.000 K, las estrellas se distribuyen así en una secuencia de tipos denominados con las letras O, B, A, F, G, K y M. Así, las estrellas O son calientes y azules, mientras que las estrellas M son frías y rojas. El Sol es una estrella del tipo G, con una temperatura de superficie de alrededor de 6.000 K. Esta serie aparentemente arbitraria de letras tiene un origen histórico, ya que se optó por reutilizar clases espectrales previas, que se nombraban por tipos de estrellas o alfabéticamente. Los astrónomos suelen recordarlas con reglas mnemotécnicas, la más conocida de las cuales reza: «oh be a fine girl/guy kiss me» (oh, sé una buena chica/tío bésame). Más adelante, se definieron las clases con más precisión usando números en una escala de 0-10 para indicar subclases intermedias: así una estrella B5 está a medio camino entre B y A, y el Sol es una estrella del tipo G2.

Aunque la mayoría de las estrellas están dentro de las categorías O, B, A, F, G, K y M, hay algunas que no lo están. En 1906 el astrónomo danés Ejnar Hertzsprung se dio cuenta de que las estrellas más rojas tenían formas extremas: los gigantes rojos, como Betelgeuse, son más brillantes y tienen radios cientos de veces mayores que el Sol; las enanas rojas, por su parte, son mucho más pequeñas y tenues que el Sol. Después, se descubrieron otros tipos de estrellas, como las enanas calientes blancas, las estrellas de litio frías, las estrellas de carbono y las enanas marrones. También se identificaron estrellas calientes azules con líneas de emisión y estrellas Wolf-Rayet, que son estrellas calientes con fuertes flujos que se ponen de manifiesto en líneas de absorción ampliadas. El zoo de tipos estelares sugiere la existencia de leyes que podrían explicar las estrellas y sus características. Los astrónomos tuvieron que averiguar cómo evolucionan, cómo cambian de un tipo a otro mientras se queman.

La idea en síntesis: especies de estrellas

39 Evolución de las estrellas

Las estrellas duran millones y miles de millones de años. La correlación entre sus colores y su brillo sugiere que siguen caminos evolutivos similares dictados por sus masas. Sus características se deben a reacciones de fusión nuclear que tienen lugar en sus regiones centrales. Todos los elementos a nuestro alrededor, incluidos los que integran nuestros cuerpos, son producto de las estrellas. Estamos hechos realmente de polvo de estrellas.

Los colores de las estrellas indican en términos generales su temperatura, de tal manera que las estrellas azules son calientes y las estrellas rojas frías. Pero el brillo típico de las estrellas varía también con el color. Las estrellas azules calientes tienden a ser más brillantes que las frías rojas. El astrónomo danés Ejnar Hertzsprung en 1905 y, en 1913, el astrónomo norteamericano Henry Norris Russell percibieron independientemente tendencias similares entre el brillo y los colores de las estrellas. Ambos astrónomos dieron nombre a un diagrama que relaciona las luminosidades de las estrellas con sus colores: el diagrama de Hertzsprung-Russell (o diagrama HR).

El diagrama HR En el diagrama HR, el 90 por 100 de las estrellas, incluido nuestro Sol, están situadas en una barra diagonal que va desde las brillantes estrellas azules calientes hasta las más tenues estrellas frías rojas. Esta banda es conocida como secuencia principal y las estrellas situadas en ella se denominan estrellas de la secuencia principal. Además de la secuencia principal, aparecen otros grupos de estrellas en el diagrama HR. Entre éstos, encontramos la rama de gigantes rojas (estrellas rojas de colores similares pero cuyo brillo varía), la población de enanas blancas (unas estrellas calientes pero tenues), así como una rama separada de estrellas variables cefeidas, con diferentes colores pero de brillo similar. Tales patrones indican que las estrellas tienen que nacer y evolucionar de manera sistemática.

Cronología

1905-1918
Hertzsprung y Russell publican las tendencias de colores y brillo de las estrellas

«Considérenlo de las dos maneras: el camino del conocimiento de las estrellas pasa por el átomo; y se ha alcanzado un conocimiento importante del átomo a través de las estrellas.»

Sir Arthur Eddington

Pero no fue hasta la década de los años treinta del siglo pasado cuando los astrónomos comprendieron por qué brillan las estrellas.

Fusión Las estrellas, incluido el Sol, arden en fusión nuclear, que se define como la fusión indivisible de núcleos atómicos ligeros para formar otros más pesados y energía. Cuando se comprimen suficientemente los núcleos de hidrógeno pueden fusionarse y producir helio, emitiendo una gran cantidad de energía. Gradualmente, se construyen núcleos cada vez más pesados a través de una serie de reacciones de fusión. Prácticamente todos los elementos que vemos a nuestro alrededor pueden crearse a partir del polvo de estrellas.

Fusionar los núcleos incluso más ligeros como el hidrógeno requiere enormes temperaturas y presiones. Para que dos núcleos se fusionen, hay que vencer las fuerzas que mantienen su cohesión respectiva. Están hechos de protones y neutrones unidos por la fuerza nuclear fuerte. Esta fuerza que opera solo en la diminuta escala del núcleo es el pegamento que domina la repulsión electrostática de los protones cargados positivamente. Como la fuerza nuclear fuerte actúa solo a poca distancia, los pequeños núcleos se mantienen unidos más rígidamente que los grandes. El resultado neto es que la energía que se necesita para unir el núcleo, en promedio por nucleón, aumenta con el peso atómico hasta llegar a los elementos níquel y hierro, que son muy estables, y luego desciende otra vez para los núcleos más grandes, que se perturban más fácilmente por un golpe menor.

La barrera de energía de fusión que hay que superar es menor en el caso de los isótopos de hidrógeno, que contienen un único protón. La reacción de fusión más sencilla es la combinación de hidrógeno (un protón) y deuterio (un protón más un neutrón) para formar tritio (un protón más dos neutrones). Aun así se necesitan temperaturas abrasadoras de 800 millones de grados Kelvin para provocar esa reacción.

1920
Arthur Eddington propone que las estrellas brillan por fusión nuclear

1939
Hans Bethe calcula la física de la fusión del hidrógeno

1957
Se publica la nucleosíntesis de las estrellas por B^2FH

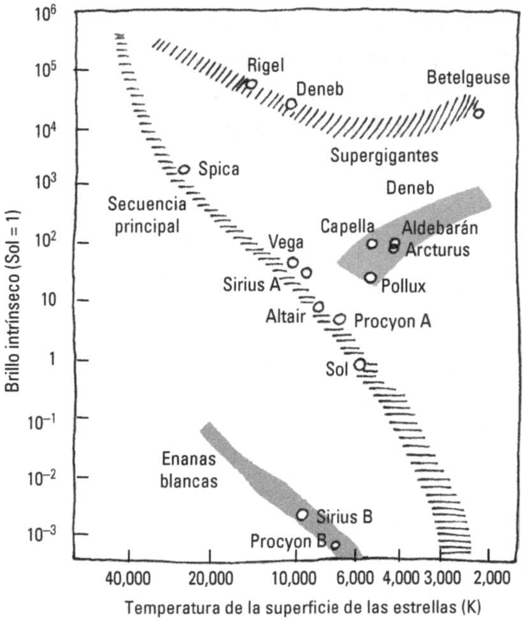

El físico alemán Hans Bethe describió en 1939 cómo brillaban las estrellas al convertir los núcleos de hidrógeno (protones) en núcleos de helio (dos protones y dos neutrones). En la transferencia participan también partículas adicionales (positrones y neutrinos), de tal manera que dos de los protones originales se convierten en neutrones en el proceso. La formación de elementos más pesados ocurre más tarde en la cocina de la fusión, siguiendo los pasos de unas recetas que, en 1957, explicaron Geoffrey Burbidge, Margaret Burbidge, William Fowler y Fred Hoyle en un importante trabajo científico (conocido como B^2FH).

Los núcleos más grandes se construyen fusionando, en primer lugar, hidrógeno, luego helio, más tarde otros elementos más ligeros que el hierro y en algunos casos, elementos más pesados que el hierro. Las estrellas como el Sol resplandecen porque mayoritariamente fusionan hidrógeno con helio y ese proceso tiene lugar de una forma tan lenta que los elementos pesados se fabrican solo en pequeñas cantidades. En estrellas mayores esta reacción se acelera por la participación del carbono, nitrógeno y oxígeno en más reacciones. Así se produce mayor cantidad de elementos pesados más rápidamente. Una vez está presente el helio, se puede hacer carbono a partir de él (tres átomos de helio-4 se fusionan por medio del inestable berilio-8). Una vez se forma carbono, puede combinarse con helio para hacer oxígeno, neón y magnesio. Estas lentas transformaciones tienen lugar a lo largo de gran parte de la vida de la estrella.

Las características de una estrella están determinadas por su estructura. Las estrellas deben equilibrar tres fuerzas: su peso apabullante, que se debe a su propia gravedad; la presión interna del gas y la radiación que las mantiene infladas; y los procesos de transporte del calor a tra-

«Somos materia estelar que se enfrió por accidente, trozos de una estrella que se equivocó.»

Sir Arthur Eddington

Que no cunda el pánico

Incluso si las reacciones nucleares en el centro del Sol se apagaran hoy mismo, los fotones producidos tardarían un millón de años en alcanzar la superficie. Por eso no notaríamos lo ocurrido durante algún tiempo. Aun así, hay muchas pruebas históricas de que la energía del Sol es bastante constante.

vés de sus capas de gas. Los dos primeros factores controlan la estructura de la estrella, que consiste en una serie de capas superpuestas como en una cebolla, cuya densidad disminuye al alejarse del centro. Las reacciones de fusión ocurren en lo profundo del interior de la estrella, donde la presión es mayor. El calor producido allí tiene que viajar a través de la estrella para escapar a su superficie. El calor puede ser transportado de dos maneras: como radiación, igual que en la luz solar; o a través de movimientos de convección fluida, como en el agua hirviendo.

Tiempo de vida El tiempo de vida de una estrella de secuencia principal está determinado por el ritmo de la reacción de fusión en su interior y por su masa. Los ritmos de reacción son muy sensibles a la temperatura y las densidades en el centro de la estrella, y requieren normalmente temperaturas que excedan los 10 millones de grados y densidades mayores de 10.000 gramos por centímetro cúbico. Las estrellas muy grandes tienen centros más calientes y densos y agotan su potencia más rápidamente que las estrellas de baja masa. Una estrella como el Sol permanece en la secuencia principal alrededor de 10.000 millones de años; una estrella 10 veces más grande será miles de veces más brillante, pero solo durará unos 20 millones de años; una estrella con una décima parte de la masa solar puede ser miles de veces más tenue pero durará alrededor de 1 billón de años. Como este periodo excede la edad actual del universo (13.700 millones de años) todavía no hemos visto morir a las estrellas más pequeñas.

La idea en síntesis: energía estelar

40 Nacimiento de las estrellas

Las estrellas nacen cuando cúmulos de gas se apelotonan en forma de bola apretada debido a la gravedad. Al colapsarse, la presión y la temperatura del gas aumentan hasta que son suficientemente altas para sostener la estrella y evitar que siga colapsándose. Si la masa de la bola de gas es suficientemente alta, las presiones en el centro resultan suficientes para poner en marcha las reacciones de fusión y la estrella se enciende.

La mayor parte de las estrellas se forman dentro de gigantescas nubes moleculares, auténticas reservas de gas denso de las galaxias. La Vía Láctea tiene alrededor de 6.000 nubes moleculares, que concentran cerca de la mitad de su masa total de gas. Como ejemplo cercano podemos mencionar la nebulosa de Orión que está a unos 1.300 años luz ($1{,}2 \times 10^{16}$ km) de distancia, y el complejo de nubes Rho Ophiuchi a 400 años luz de distancia. Tales regiones pueden estar a cientos de años luz de distancia y contener suficiente gas para construir millones de soles. Contienen una densidad de gas 100 veces superior a la que se encuentra típicamente en el espacio interestelar, donde lo normal es un átomo por centímetro cúbico o menos.

El gas del espacio interestelar está compuesto en un 70 por 100 de hidrógeno; el resto es helio, con unos pocos elementos más pesados. Las densas nubes pueden ser suficientemente frías para albergar moléculas de gas hidrógeno (H_2), así como átomos. A menudo solo unos pocos grados por encima de cero absoluto, las nubes moleculares contienen algunos de los lugares más fríos del universo. La nebulosa Boomerang, por ejemplo, tiene una temperatura de solo un kelvin por encima del cero absoluto, que es más bajo que los 3 K del fondo de microondas cósmico.

Protoestrellas Las estrellas se originan en lugares dentro de las nubes donde la densidad del gas sea más grande que la media. No es-

Cronología

1780
William Herschel observa estrellas binarias

1902
James Jeans publica la teoría de la esfera autogravitatoria

«La luz que ciega nuestros ojos es oscuridad para nosotros. Solo ese día en el que estamos despiertos amanece. Hay más día que amanecer. El Sol no es sino la estrella de la mañana.»

Henry David Thoreau

tamos seguros de por qué es así, pero tal vez ocurra simplemente debido a turbulencias o cuando el estallido de una supernova cercana perturba la nube. También es posible que los campos magnéticos desempeñen algún papel a la hora de sembrar los cúmulos de gas.

Una vez se forma un cúmulo considerable, la gravedad lo comprime todavía más. Conforme la bola de gas se concentra, su presión y su temperatura se elevan; se libera energía gravitacional igual que cuando una pelota se acelera al girar cuesta abajo. El calor y la presión contrarrestan el empuje de la gravedad, e intentan detener el colapso de la esfera. La masa crítica que define el equilibrio entre estos dos juegos de fuerzas se llama la masa de Jeans, en honor al físico James Jeans. Los cúmulos que la superan continúan desarrollándose, aquellos que no, se detendrán.

Estrellas binarias

Las estrellas binarias pueden identificarse de varias maneras: visualmente, es decir, siguiéndoles la pista con un telescopio; espectroscópicamente, viendo los cambios Doppler en líneas que indican que orbitan una a otra; por un eclipse, cuando una estrella oscurece a otra al pasar frente a ella; y astrométricamente: cuando se observa que una estrella tiembla ligeramente, está indicando la presencia de una compañera. William Herschel, en la década de 1780, fue uno de los primeros en observar las parejas binarias de estrellas, y publicó un catálogo de cientos de ellas.

1994
Se identifican discos en formación alrededor de estrellas en la nebulosa de Orión con el telescopio espacial Hubble

2009
Lanzamiento del observatorio espacial Herschel

2013
Herschel fue desactivado

«Se debe contener caos en sí mismo para ser capaz de dar a luz a una estrella bailarina.»

Friedrich Nietzsche

La región gravitatoria puede atraer más material de sus alrededores, el cual, al caer en ella, la hace colapsar todavía más. Mientras el cúmulo se encoge, se calienta y empieza a brillar. Cuando su temperatura alcanza unos 2.000 K está suficientemente caliente para desgajar moléculas de hidrógeno e ionizar átomos en su nube anfitriona. Cuando se le ofrece una nueva ruta para liberar su energía térmica, la estrella es capaz de colapsar aún más y lo hace hasta que alcanza el punto donde es sostenida por su presión interna. Se la conoce entonces como protoestrella.

Las protoestrellas siguen creciendo, incorporando más material. Para ello, forman un disco plano llamado disco circumestelar, que canaliza el material de manera eficiente. Una vez la protoestrella ha devorado todo el material en sus proximidades, deja de crecer y se contrae de nuevo. Finalmente es suficientemente compacta para provocar la fusión del hidrógeno en su denso centro: se ha convertido en una estrella. Una estrella de masa solar tarda 100.000 años en realizar ese proceso. Una vez que la fusión se ha iniciado, la estrella tiene una temperatura y color que la coloca en la secuencia principal donde se asienta mientras evoluciona de acuerdo a patrones dictados por la física.

Las estrellas en formación son difíciles de observar porque son tenues y están enterradas en las profundidades de nubes moleculares. Los astrónomos deben mirar mediante infrarrojos o durante más tiempo para captar el brillo de las protoestrellas, oscurecido por el polvo. Usando

El observatorio espacial Herschel

El observatorio espacial Herschel de la Agencia Espacial Europea, lanzado en 2009, escrutó detenidamente estrellas en formación y galaxias distantes con longitudes de onda infrarrojas. Gracias a su telescopio espacial (3,5 m de diámetro), equipado con un gran espejo, buscó objetos oscurecidos por el polvo y fríos que eran invisibles a otros telescopios. Herschel persiguió las primeras galaxias, nubes de gas y polvo donde nacían nuevas estrellas, discos que pudieran formar planetas y cometas... Se llamó así por William Herschel, el científico que identificó la luz infrarroja en 1800.

el telescopio espacial Hubble se han espiado discos alrededor de estrellas enormes en formación dentro de la nebulosa de Orión; y otras observaciones con telescopios de 10 metros han revelado igualmente discos alrededor de estrellas jóvenes, confirmando que tales discos son un fenómeno común. No obstante, todavía no se sabe si esos discos continúan formando planetas como nuestro sistema solar.

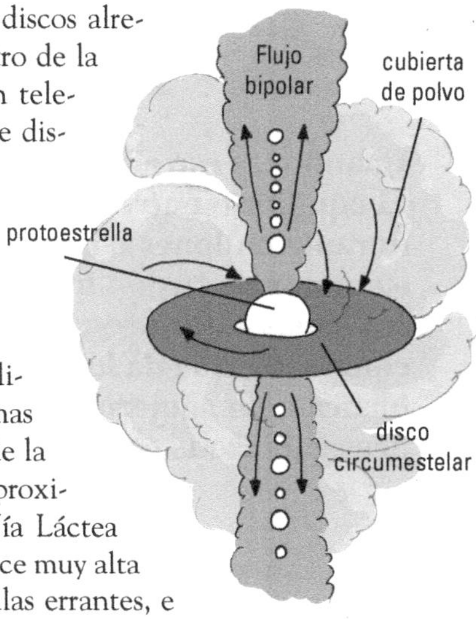

Estrellas binarias También es difícil explicar la formación de estrellas gemelas en sistemas binarios, donde ambas orbitan una alrededor de la otra en torno a su centro de masas común. Aproximadamente un tercio de las estrellas de la Vía Láctea están en sistemas binarios. Esta frecuencia parece muy alta si es el resultado de la captura casual de estrellas errantes, e implica que debe de haber mecanismos de formación de estrellas dobles. Es posible que se formen cúmulos de estrellas si se condensan de una nube única, quizás simultáneamente si es golpeada por un impacto o perturbación que provoca una siembra en masa. No obstante, en el caso de las parejas o de múltiples solitarias que se forman muy juntas, una turbulencia en la nube parece ser la mejor explicación; quizás otras estrellas tiendan a marcharse del sistema si éste está en una configuración inestable o sufre alguna colisión.

El proceso por el cual se tornan estrellas enormes es otro rompecabezas: deberían ser mucho más brillantes que las protoestrellas de masa baja, así lo normal sería que rápidamente cesasen de colapsar y no consiguieran encenderse. Pero, por otro lado, su formación debe de ser sencilla, porque vemos muchas, en particular en lugares donde la formación de estrellas es vigorosa, como en las galaxias tras una colisión. Tal vez canalizan eficientemente material sobre sí mismas usando un disco y despidiendo energía a través de grandes chorros y surtidores.

Cada nube molecular produce estrellas con un abanico de diferentes masas. Como cada estrella evoluciona de forma diferente, de acuerdo a su masa, una población de estrellas tendrá diferente aspecto a lo largo del tiempo. Para los astrónomos que intentan entender cómo se forman y evolucionan las galaxias, las estadísticas de formación de las estrellas afectan al aspecto de toda la galaxia.

La idea en síntesis: el encendido estelar

41 Muertes estelares

Cuando las estrellas agotan su carburante nuclear, se consumen. El equilibrio entre la gravedad y la presión que las ha mantenido durante millones o miles de millones de años se trastoca. Mientras su motor de fusión trastabillea, se hinchan y se desprenden de sus capas exteriores; el centro se aplasta formando un núcleo compacto, que da lugar a una estrella de neutrones, una enana blanca o un agujero negro. En algunos casos la estrella está tan desestabilizada que explota como una supernova.

La mayoría de las estrellas brillan durante gran parte de sus vidas fusionando hidrógeno en núcleos de helio. Mientras lo hacen, adquieren un color y brillo característicos que depende de su masa. Una estrella como el Sol es amarilla y se sitúa en medio de la secuencia principal; en la mayoría de las estrellas hay una correlación entre brillo y tono. Las estrellas permanecen así durante millones de años, brillando e hinchándose solo un poco cuando envejecen.

Finalmente, sin embargo, agotan su suministro central de hidrógeno. En contra de lo que dice la intuición, son las estrellas más grandes las que hacen eso en primer lugar: como albergan presiones y temperaturas mucho mayores en sus centros, arden tan intensamente que las reacciones nucleares que las sostienen avanzan rápidamente y consumen su hidrógeno en millones de años. Las estrellas de masa baja, por el contrario, se queman mucho más lentamente y les cuesta miles de millones de años agotar su energía.

Las últimas etapas Cuando la fusión titubea en el centro, el núcleo de la estrella rico en helio se contrae y la estrella se calienta mientras libera energía gravitatoria. Las capas que están justo encima del núcleo comienzan a experimentar una fusión de hidrógeno y dan al núcleo el helio generado. Finalmente el núcleo se vuelve tan denso y caliente —alcanzando hasta 100 millones de grados— que comienza a quemar su helio, provocando un «destello de helio» brillante cuando la fusión prende de nuevo. Los núcleos de helio se combinan para producir carbono 12 a través de un juego de reacciones, y tam-

Cronología

1572 Supernova de Tycho

1604 Supernova de Kepler

La supernova de Tycho

A principios de noviembre de 1572 una nueva estrella apareció en la constelación de Casiopea en el hemisferio septentrional. Observada por el astrónomo danés de la corte Tycho Brahe y otros muchos, fue uno de las más importantes avistamientos de la historia de la astronomía porque mostró que el cielo cambiaba con el tiempo. También condujo a mejoras en la precisión con que podían ser medidas las posiciones de objetos astronómicos. La cáscara restante de la supernova no fue detectada hasta 1952, y su homólogo óptico en la década de los sesenta. En 2004 se descubrió una estrella compañera de la que estalló.

bién oxígeno 16 a través de otro; este es el origen de mucho del carbono y oxígeno que nos rodea. Las estrellas como el Sol pueden continuar quemando helio alrededor de 100 millones de años.

Cuando el helio se agota, puede ocurrir un cambio similar al anterior, y la estrella quema el siguiente elemento, el carbono, en su núcleo, y el helio y el hidrógeno son fusionados en cáscaras sucesivas superiores. Pero fusionar carbono requiere temperaturas y presiones aún mayores. Así, solo las estrellas más grandes, las que exceden ocho masas solares, son capaces de entrar en esta fase, durante la cual se hacen muy luminosas y se hinchan. Las estrellas más grandes continúan quemando oxígeno, silicio, azufre, y finalmente alcanzan el hierro.

En las estrellas más ligeras, con menos de ocho masas solares, la secuencia titubea cuando el helio se quema totalmente. Mientras el núcleo se contrae se repiten episodios de combustión de helio e hidrógeno en las capas superiores, que descargan temporalmente combustible en el núcleo de la estrella. La estrella pasa por una serie de destellos luminosos mientras la fusión se prende y se apaga. Mientras el helio es arrojado al centro, las capas más exteriores se distienden y salen despedidas. Cuando el gas de su interior se expande, se enfría y no puede experimentar más procesos de fusión. Así, la estrella queda cubierta por un difuso cascarón de gas. Estas burbujas son conocidas como nebulosas planetarias, porque desde lejos, sus velos circulares se confundieron con planetas. Sin embargo, las nebulosas planetarias no duran mucho, se disipan en 20.000 años aproximadamente. En nuestra galaxia, se conocen unas 1.500.

1952
Se descubren restos de la supernova de Tycho

1987
Se ve una brillante supernova en las Nubes de Magallanes

1998-1999
Las supernovas son usadas como indicadores de distancia y revelan energía oscura

Tierra

Enana blanca

Estrella de neutrones

Agujero negro

Aplastamiento del núcleo Cuando las capas exteriores se desprenden, solo queda el núcleo de la estrella. Reducido en su mayor parte a carbono y oxígeno, ya que todo lo demás ha quemado o ha salido volando, el núcleo caliente y denso se marchita rápidamente convirtiéndose en una enana blanca. En ausencia de presión de radiación exterior, el material interior colapsa y se convierte en una esfera muy compacta y densa equivalente a la masa del Sol, pero contenida en solo 1,5 radios de Tierra. Su densidad resultante es un millón de veces la del agua. Las enanas blancas evitan convertirse en agujeros negros porque sus átomos no pueden ser aplastados, por la presión cuántica del electrón. Siguen muy calientes con una temperatura de superficie de 10.000 K. Su calor no puede escapar rápido ya que tienen un área superficial pequeña, así que sobreviven durante miles de millones de años.

Las estrellas más grandes se pueden comprimir más. Si el resto excede un límite de 1,4 veces la masa del Sol (después de que se despoja de las capas exteriores), entonces la presión electrónica no basta para superar su gravedad y la estrella colapsa formando una estrella de neutrones. Este límite de 1,4 masas solares se llama el límite de Chandrasekhar por el astrofísico indio Subrahmanyan Chandrasekhar (1910-1995). Las estrellas de neutrones están confinadas en un radio de solo 10 kilómetros más o menos, que equivaldría a apretujar toda la masa del Sol o de varios soles en una región de la extensión de Manhattan. Son tan densas que un bloque del tamaño de un terrón de azúcar pesaría más de cien millones de toneladas. En el supuesto de que la gravedad exceda incluso ese nivel, como ocurre en las estrellas más grandes, se acabará produciendo un agujero negro.

Supernovas Cuando mueren estrellas muy grandes —de diez veces el tamaño del Sol— pueden explotar como una supernova. Después de quemar hidrógeno y helio, las estrellas grandes pueden pasar por una serie de combustiones sucesivas, avanzando a través de elementos más pesados hasta finalmente producir hierro. El núcleo de hierro es especial porque es el más estable de la tabla periódica. Por eso cuando se alcanza ese nivel, la fusión no puede continuar liberando energía mediante construcción de elementos más pesados. Cuando esto se intenta, se absorbe la energía en lugar de emitirla, y el núcleo de la estrella implosiona, pasando por el estadio de enana blanca con electrones, antes de convertirse en una estrella de neutrones. No obstante, cuando las capas exteriores caen sobre esa dura cáscara rebotan provocando una vasta explosión de partículas (neutrinos) y luz.

«Aunque las nubes de polvo nos impiden verlas, es posible que las explosiones de supernovas sean fenómenos que se produzcan con frecuencia, concretamente, una vez cada diez años; las ráfagas de neutrinos podrían ser un medio para estudiarlas.»

John N. Bahcall, 1987

En cuestión de segundos una supernova produce mucha más energía que la que el Sol producirá en toda su existencia. La supernova es tan brillante que durante un breve periodo brilla más que el resto de las estrellas de la galaxia en la que se asienta, permaneciendo visible durante días o semanas antes de desaparecer de la vista.

Hay dos tipos principales de supernovas, de Tipo I y de Tipo II. Las estrellas grandes producen supernovas de Tipo II. Normalmente se pueden observar en los brazos de galaxias espirales a un promedio de una cada 35-50 años, y muestran una gran emisión de líneas de hidrógeno debido al despojamiento de las capas más exteriores de gas. La supernova Tipo I, sin embargo, no muestra emisión de líneas de hidrógeno y se puede ver tanto en galaxias elípticas como espirales. Se cree que se originan de diferente manera, en explosiones termonucleares en sistemas binarios producidas cuando una enana blanca sobrepasa el límite de 1,4 masas solares de Chandrasekhar, al adquirir material de su compañera.

Las supernovas de Tipo I tienen una importante subclase conocida como el Tipo Ia, cuyo brillo puede predecirse siguiendo su explosión. Observando la manera en que brillan y se apagan, su brillo intrínseco se puede inferir, lo que las convierte en útiles indicadores de distancia (véase la p. 58). Debido a que eclipsan el resto de la galaxia que las alberga, pueden ser rastreadas en todo el universo a desplazamientos al rojo altos. Las supernovas han permitido predecir la presencia de energía oscura.

Cuando los núcleos de hierro se destruyen en las muertes de estrellas gigantes, se producen muchos neutrones. Éstos pueden contribuir a producir elementos más pesados que el hierro, como el plomo, el oro y el uranio. Así, todos los elementos de la Tierra se originaron en supernovas. Al margen de los elementos hechos por el hombre, la tabla periódica se origina en procesos ocurridos en las estrellas.

La idea en síntesis: una salida por la puerta grande

42 Púlsares

Los púlsares son estrellas de neutrones rotatorias que emiten haces de radioondas. Son restos compactos y densos de estrellas enormes, que giran muy deprisa, completando una revolución en segundos. Sus señales regulares —que, originalmente, se consideraron un código Morse de alienígenas— las convirtieron en relojes muy precisos, muy importantes para comprobar la relatividad general y detectar ondas gravitatorias.

En 1967 dos radioastrónomos británicos captaron una señal cósmica que no pudieron explicar. Con su rudimentario radiotelescopio rompieron un nuevo techo científico: estaba formado por unos 190 kilómetros de cable y 2.000 detectores clavados a lo largo de 1.000 postes de madera, como una cuerda de tender gigante, extendida a lo largo de cinco hectáreas de un campo de Cambridgeshire. Cuando comenzaron a escanear el cielo en julio de ese año, su plóter expulsaba 30 metros de gráficos cada día. La estudiante de doctorado Jocelyn Bell, supervisada por el físico Tony Hewish, comprobó detenidamente sus gráficos para buscar cuásares que centelleaban debido a turbulencias en nuestra atmósfera, pero encontró algo más llamativo.

Tras dos meses de observaciones, Bell localizó una mancha desigual en los datos. Era diferente a cualquier otra característica y provenía de un punto en el firmamento. Mirando más detenidamente, vio que consistía en series regulares de breves pulsos de radio, cada 1,3 segundos. Bell y Hewish trataron de descifrar de dónde provenía la desconcertante señal. Auque su regularidad temporal sugería que podría ser humana, no pudieron identificar tal emisión. Era diferente a cualquier otra estrella o cuásar conocido.

¿Pequeños hombrecitos verdes? Al cabo de poco tiempo, los científicos se preguntaron si habría otra posibilidad más estrafalaria: ¿podría ser algún tipo de comunicación extraterrestre?

Aunque creían improbable que fuera código Morse alienígena, Bell recuerda sentirse molesta por las complicaciones que surgían en sus

Cronología

1967
Se detecta la primera señal púlsar

estudios: «Ahí estaba yo tratando de doctorarme en una nueva técnica, y un grupo de tontos hombrecillos verdes tenían que elegir mi antena y mi frecuencia para comunicarse con nosotros». Los astrónomos no lo hicieron público, pero siguieron haciendo observaciones.

Bell pronto descubrió una segunda fuente de pulsos, con un periodo de 1,2 segundos. Y en enero de 1968 ella y Hewish habían identificado cuatro fuentes similares a las que llamaron púlsares. «Era improbable que dos grupos de hombrecillos verdes escogieran la misma e improbable frecuencia, y que al mismo tiempo intentaran hacer señas al mismo planeta Tierra», observó Bell. Más seguros de que habían detectado un nuevo fenómeno astronómico, Bell y Hewish publicaron su descubrimiento en la revista *Nature*.

Estrellas de neutrones Los astrónomos se apresuraron a intentar explicar el hallazgo de Bell y Hewish. Su colega astrónomo de Cambridge, Fred Hoyle, creyó posible que las pulsaciones se debieran a una estrella de neutrones remanente de la explosión de una supernova. Unos meses más tarde, Thomas Gold, de la Universidad de Cornell, ofreció una explicación más detallada: si la estrella de neutrones estaba girando, un haz de radioondas pasaba barriendo a cada rotación a un telescopio que lo observara, como el rayo de un faro parece producir un destello cuando la lámpara gira.

Sin embargo, era impresionante que una estrella de neutrones pudiera girar una vez por segundo. Gold les aseguró que eso era factible porque las estrellas de neutrones son muy pequeñas, de tan solo unos diez kilómetros de radio. Justo después de la explosión de una supernova, su rápida contracción les haría girar muy rápidamente, de la misma

La controversia del Nobel

Los descubrimientos de púlsares han generado premios Nobel. Tony Hewish recibió uno junto con Martin Ryle, un compañero radioastrónomo, en 1974. De forma polémica, Jocelyn Bell no fue incluida, a pesar de que había sido ella quien había descubierto el primer púlsar con su tesis doctoral. En 1993, Joe Taylor y Russell Hulse también consiguieron el Premio Nobel por sus estudios sobre el primer sistema binario de púlsares.

1974
Se descubre un púlsar binario

1982
Se descubre un púlsar de milésima de segundo de periodo

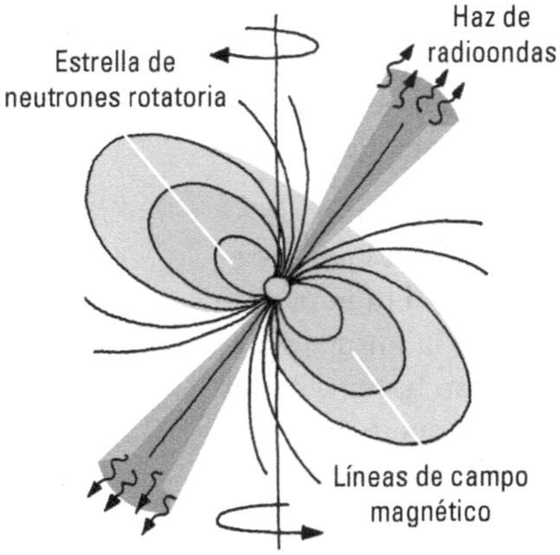

manera un patinador que gira sobre hielo aumenta de velocidad cuando levanta los brazos. Las estrellas de neutrones también poseen unos fuertes campos magnéticos. Son los que crean los rayos de radio gemelos, que emanan de polos de la estrella. Cuando la estrella gira, los haces barren círculos en el cielo, que parecen destellar cuando apuntan a la Tierra. Gold predijo posteriormente que los púlsares irían deteniéndose gradualmente mientras perdían energía; la velocidad de los giros de púlsar disminuye en realidad alrededor de una millonésima de segundo por año.

Ondas gravitatorias El hallazgo de cientos de púlsares condujo a descubrimientos muy destacables. En 1974 los astrónomos norteamericanos Joe Taylor y Russell Hulse descubrieron un púlsar binario: un púlsar que giraba muy rápido mientras orbitaba a otra estrella de neutrones cada ocho horas. Este sistema ofrecía una prueba muy sólida de la teoría de la relatividad de Einstein. Dado que las dos estrellas de neutrones son tan densas, compactas y juntas, tienen unos campos gravitatorios extremos y así ofrecen una nueva visión del espacio-tiempo curvo. Los teóricos predijeron que como las dos estrellas de neutrones se acercaban en espiral hacia la otra, el sistema debería perder energía emitiendo ondas gravitatorias. Al observar los cambios en la coordinación y órbita de los púlsares, Hulse y Taylor probaron que su predicción era correcta.

Las ondas gravitatorias son contorsiones en la estructura de espacio-tiempo que se propaga como olas en un estanque. Los físicos están construyendo detectores en la Tierra para registrar el aplastamiento espacio-tiempo, que es la firma que dejan las ondas de la gravedad al pasar, pero estas observaciones son extremadamente difíciles de llevar a cabo. Cualquier temblor de tierra, desde los temblores sísmicos has-

Un mapa para alienígenas

Aunque las señales de púlsar no fueran enviadas por extraterrestres, los púlsares aparecen en dos placas incluidas en la nave espacial Pioner y en El Disco de Oro del Voyager. Estos artefactos sirven para informar de la presencia de vida inteligente en la Tierra a posibles civilizaciones galácticas que pudieran encontrarlos un día. En ellos, la posición de la Tierra se muestra en relación a 14 púlsares.

Seísmos estelares

Cuando la corteza de una estrella de neutrones se quiebra de repente, causa un seísmo estelar análogo a los terremotos de nuestro planeta. Éstos suceden cuando la estrella de neutrones se compacta y ralentiza su giro en el tiempo, haciendo que su superficie cambie de forma. Como la corteza es rígida, trepida. Tales temblores han sido localizados como repentinas caídas o irregularidades en la velocidad de rotación de los púlsares. Los grandes terremotos pueden también causar estallidos de rayos gamma de los púlsares que pueden ser recogidos por satélites, incluido el observatorio Fermi de la NASA.

ta las olas del océano, pueden perturbar al sensible sensor. Futuras misiones espaciales usando artefactos múltiples colocados muy alejados e interconectados por láser, buscarán ondas gravitatorias que pasen a través de nuestro sistema solar.

Púlsares de milésimas de segundo En 1982 se halló otro tipo de púlsar extremo: un púlsar con periodos de milisegundos (una milésima parte de un segundo) fue detectado por el radioastrónomo norteamericano Don Backer. Su rapidez de rotación, unas 641 veces por segundo, era sorprendente; los astrónomos piensan que ese tipo de objetos surge en sistemas binarios en que la estrella de neutrones se desplaza hacia arriba girando mientras absorbe material de su compañero. Los púlsares de milésimas de segundo son relojes muy precisos: los astrónomos están intentando usarlos para detectar directamente ondas gravitacionales que pasen por delante de ellos. Los púlsares son realmente uno de los objetos más útiles de la caja de herramientas de los astrónomos.

Los púlsares serán uno de los principales objetivos de una nueva generación de radiotelescopios: el telescopio SKA (de Square Kilometre Array) consiste en un conjunto gigante de antenas unidas que entrarán en funcionamiento durante la próxima década. El descubrimiento de decenas de miles de púlsares, incluida la mayoría de los que hay en la Vía Láctea, permitirá a los radioastrónomos comprobar la relatividad general y aprender nuevos datos sobre las ondas gravitatorias.

La idea en síntesis: faros cósmicos

43 Explosiones de rayos gamma

Las explosiones de rayos gamma son estallidos rápidos de fotones de alta energía, que ocurren diariamente en todo el firmamento. Identificados en primer lugar por satélites militares, la mayor parte de estos estallidos marcan las postreras exhalaciones de enormes estrellas moribundas de galaxias lejanas. Al sobrepasar el brillo de una estrella normal a pesar de hallarse a miles de millones de años luz de distancia, las explosiones de rayos gamma comprenden algunos de los fenómenos más energéticos del universo.

Los púlsares y cuásares no son los únicos objetos inusuales descubiertos en la década de los años sesenta del siglo XX. Explosiones no identificadas de rayos gamma, la forma más energética de radiación electromagnética, fueron localizadas, en 1967, por patrullas de satélites militares norteamericanos. Los satélites Vela, encargados de vigilar si la URSS cumplía con el tratado de prohibición de pruebas nucleares de 1963 (que prohibía las pruebas nucleares en la atmósfera), llevaban instalados unos detectores de rayos gamma, ya que estos últimos se emiten en las explosiones nucleares. No obstante, detectaron unos destellos que no eran como los de los ensayos atómicos. Los informes sobre estas explosiones energéticas fueron desclasificados en 1973 y publicados en un trabajo académico sobre «los rayos gamma de origen cósmico».

Los enormes destellos de rayos gamma detectados por los satélites aparecían por todo el firmamento. Ocurrían diariamente y duraban desde fracciones de segundo a varios minutos. Estas explosiones eran cientos de veces más brillantes que una supernova y mil millones de veces más brillantes que el Sol. Ahora bien, ¿cuál era la causa de esos destellos de energía?

Se tardó décadas en averiguar dónde se originaban las explosiones de rayos gamma. Se hicieron progresos en 1991 con el lanzamiento del

Cronología

1967 El primer estallido de rayos gamma es detectado por el satélite Vela

1991 Lanzamiento del Observatorio de Rayos Gamma Compton satélite Observatorio de Rayos Gamma Compton, que detectó y de modo rudimentario localizó miles de estallidos. El estudio de sus posiciones en el firmamento mostró que estaban repartidos de modo desigual (isotrópico). No venían preferentemente del centro o disco de la Vía Láctea, ni coincidían con objetos extragalácticos conocidos.

Esta propagación en todo el cielo sugiere que los rayos gamma se originaron o muy cerca de nosotros o muy lejos. Las explosiones no vienen de estrellas que explotan en nuestra galaxia, ya que si así fuera se concentrarían en el disco. Pudieron ser creadas localmente, pero una conjetura mejor es que se originaron más allá de la Vía Láctea. Sin embargo el hecho de que no se agrupen cerca de regiones de alta densidad de la galaxia sugiere que provienen de muy lejos, lo que las convertiría en el fenómeno más energético del universo. El rompecabezas se complicó aún más.

Las explosiones de rayos gamma son de dos tipos: de larga y corta duración. Los estallidos largos duran típicamente unos diez segundos; los cortos una fracción de segundo. La presencia de dos clases distintas nos indica que se han generado por dos procesos diferentes. Aún hoy, los astrónomos solo empiezan a comprenderlos.

Luminiscencia óptica En 1996 se lanzó otro satélite, el BeppoSax, que hizo posible obtener localizaciones más precisas. Además de detectar rayos gamma, el satélite llevaba incorporada una cámara de rayos X, así los astrónomos podían buscar brillos a otras longitudes de onda, coincidentes con el estallido de rayos gamma. Sobre el terreno, instalaron un sistema de alerta de manera que cuando hubiera un estallido de rayos gamma, los telescopios en todo el globo pudieran rápidamente enfocar en esa dirección para buscar cualquier homólogo debilitándose. En 1997, se localizó una luminiscencia óptica y una galaxia muy tenue fue identificada como su probable origen. Pronto se produjeron nuevas detecciones de luminiscencias.

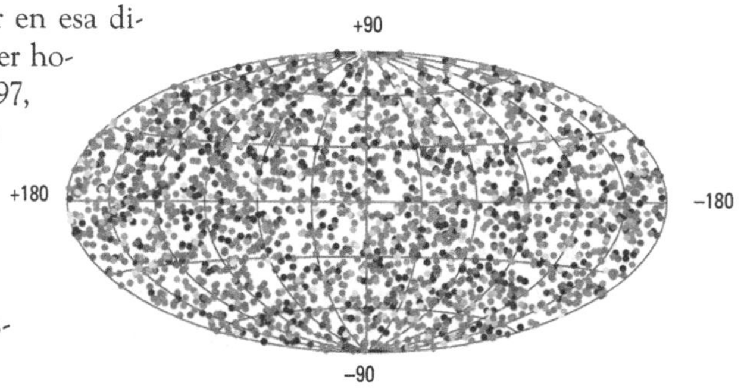

1996 Lanzamiento del BeppoSax

1997 Se detecta la primera luminiscencia

2005 Se localiza la primera luminiscencia de estallidos de corta duración

Astronomía de rayos gamma

La mayor parte de la astronomía de rayos gamma se lleva a cabo desde el espacio. Sin embargo, los fotones de mayor energía de rayos gamma pueden ser detectados con experimentos sobre el terreno. Cuando los fotones colisionan con moléculas de aire producen cascadas de partículas y relámpagos de luz azul, que pueden detectarse. Los telescopios captan de manera más eficiente esta luz, conocida como luz Cherenkov. Este método ha detectado rayos gamma desde la nebulosa del Cangrejo, que alberga un púlsar y un puñado de núcleos galácticos activos en las cercanías. Aunque la astronomía de rayos gamma es difícil, se están desarrollando telescopios más grandes que buscarán en lugares del espacio más difíciles de alcanzar.

Con el lanzamiento de más satélites, en especial el Swift y el Fermi, los astrónomos han recogido una variedad de ejemplos de fenómenos complementarios de estallidos de rayos gamma. Han utilizado también telescopios automatizados, que reaccionan inmediatamente a alertas de explosiones. Claramente provienen de galaxias muy distantes y tenues a miles de millones de años luz. La asociación de una explosión con la llamarada de una supernova implica que los estallidos de rayos gamma de larga duración están unidos a la agonía de estrellas enormes.

Ondas expansivas Los astrónomos creen que los rayos gamma se producen por una onda expansiva que se genera cuando el núcleo de la estrella colapsa finalmente para formar un agujero negro. La explosión subsiguiente envía una onda que viaja próxima a la velocidad de la luz, que pasa a través del gas que queda alrededor de la estrella, ge-

«El genio y la ciencia han hecho caer los límites del espacio, y unas pocas observaciones, explicadas con razonamientos simples, han desvelado el mecanismo del universo. ¿No sería maravilloso para el hombre derribar los límites del tiempo, y mediante unas pocas observaciones, aclarar la historia de este mundo y la serie de acontecimientos que precedieron al nacimiento de la raza humana?»

Barón Georges Cuvier

nerando rayos gamma justo delante del frente de choque. Otras formas de radiación electromagnética se producen también en la onda expansiva originando luminiscencias que pueden durar días o semanas.

«Del mismo modo que una observación bien hecha basta en muchos casos, un experimento bien planteado a menudo basta para establecer una ley.»

Émile Durkheim

Las explosiones cortas han planteado más de un problema de identificación porque cualquier luminiscencia podría desaparecer antes de que un telescopio tuviera tiempo de girar bruscamente para mirar en su dirección. Desde 2005, sin embargo, se han localizado un puñado de asociaciones con explosiones cortas. Pero se encontraron en regiones sin actividad de formación de estrellas, incluidas las de galaxias elípticas, lo que sugiere que las explosiones cortas son físicamente diferentes y no se deben simplemente a la muerte de estrellas enormes. Aunque su origen no está aún claro, se cree que podrían producirse en las fusiones de estrellas de neutrones o bien en otros sistemas energéticos. Los estallidos de rayos gamma son acontecimientos catastróficos únicos, solo unos pocos se repiten en alguna ocasión.

Haz de partículas Las explosiones de rayos gamma producen más energía que cualquier otro objeto astrofísico. Brillan temporalmente como un estrella brillante incluso aunque estén a miles de millones de años luz de distancia. A los astrónomos les resulta difícil entender cómo se puede despedir tanta energía tan rápidamente. Una posibilidad es que en algunos casos la energía no se emite en todas las direcciones por igual sino que, como los púlsares, las ondas electromagnéticas son emitidas en un haz estrecho. Cuando ese rayo se dirige a nosotros, vemos un relámpago de alta energía. Los rayos gamma podrían ser amplificados por los efectos de la teoría de la relatividad si surgen de las partículas de movimiento rápido girando en espiral en campos magnéticos, posiblemente versiones a pequeña escala de los chorros de partículas que emanan de radiogalaxias. Por tanto, el modo en que se generan las explosiones de rayos gamma está siendo investigado todavía.

Dado que las explosiones de rayos gamma ocurren a miles de millones de años-luz de distancia, aunque aparezcan tan brillantes como una estrella cercana, somos afortunados de que sean tan escasas. Si una estallase en nuestra cercanía podría freír la Tierra.

La idea en síntesis: relámpagos gigantes

44 Variabilidad

Los astrónomos están descubriendo nuevas visiones del universo observando cómo varían los objetos con el tiempo. La mayoría de las estrellas brillan continuamente. No obstante, hay otras, como las estrellas variables, que sufren cambios físicos que causan variaciones en su brillo. La forma en que su luz fluctúa puede revelar mucha información sobre la estrella. El cosmos es un lugar de cambio.

Aunque los cometas y las supernovas han asombrado a los seres humanos a lo largo de los siglos, como una especie de visitantes celestiales, por regla general, el cielo nocturno se definía como inmutable. Esta descripción de su constancia se alteró en 1638, cuando Johannes Holwarda descubrió las pulsaciones de la estrella Mira, que brilla y se apaga siguiendo un ciclo de once meses. A finales del siglo XVIII, se conocía un puñado de estrellas variables, incluida Algol. El número se incrementó rápidamente pasada la mitad del siglo XIX, puesto que la fotografía permitió vigilar rutinariamente un gran número de estrellas. En la actualidad, están identificadas más de 50.000 estrellas; la mayoría están en nuestra galaxia, pero se han detectado muchas en otras.

Pulsaciones Hay varios tipos de estrellas variables. Controlando la luz que emite una estrella, veremos que su brillo sube y baja: es su curva de luz. El ciclo puede ser periódico, irregular o caer en algún punto intermedio. El espectro de la estrella también nos indica su tipo, su temperatura y su masa, y si es binaria o no. Los cambios espectrales pueden acompañar las fluctuaciones de la luz de la estrella. Las líneas espectrales pueden mostrar cambios Doppler que indican la expansión o la contracción de cáscaras de gas, o la presencia de campos magnéticos puede acompañar a las fluctuaciones en la luz de la estrella. Una vez que se han reunido todas las pruebas, se pueden deducir las razones de la variabilidad de una estrella.

Hay cerca de dos tercios de estrellas variables que tienen pulsaciones, es decir, que se expanden y se contraen en ciclos regulares. Ese com-

Cronología

1638
Primera estrella variable observada

1784
Descubrimiento de las variables cefeidas

«El desarrollo científico depende en parte de un proceso de cambios no acumulativos, es decir, se trata de un proceso revolucionario.»

Thomas S. Kuhn

portamiento surge por inestabilidades de la estrella, que provocan su oscilación. Un modo, señalado por Arthur Eddington en la década de los años treinta del siglo xx, se produce por los cambios en el grado de ionización de las capas exteriores, que van unidos a su temperatura. Conforme las capas exteriores se hinchan, se enfrían y se vuelven más transparentes. Entonces, resulta más fácil para la estrella emitir más energía, de manera que se contrae. Así el gas vuelve a calentarse, lo que hace que la estrella vuelva a hincharse. Este ciclo se repite una y otra vez.

Variables cefeidas El funcionamiento de las cefeidas pulsantes, un tipo importante de estrellas variables que pueden usarse como indicadores de distancias, se explica mediante un patrón semejante

Variabilidad de cuásares

La variabilidad no se restringe a las estrellas. Muchos cuásares son variables. Su variabilidad, junto con su brillo uniforme en todo su espectro electromagnético, se ha usado como una manera de encontrarlos. La variabilidad de los cuásares puede deberse a cambios en la cantidad que absorbe el agujero negro central, o debido a que la luminosidad de su disco de acreción cambia por la presencia de un punto caliente. La escala temporal de variabilidad más rápida que se observa en cuásares nos informa sobre el tamaño de la región que produce esa luz. Por ejemplo, si los cuásares varían en escalas temporales de días, se puede estimar que un día luz es el tamaño más pequeño de esa estructura, de manera que la luz puede comunicarse de forma coherente a lo largo de esa distancia.

1908
Se averigua la relación entre el periodo y la luminosidad de las cefeidas

1924
Se usan las cefeidas para medir la distancia a la nebulosa de Andrómeda

2015
Comienza la construcción del Gran Telescopio para Rastreos Sinópticos

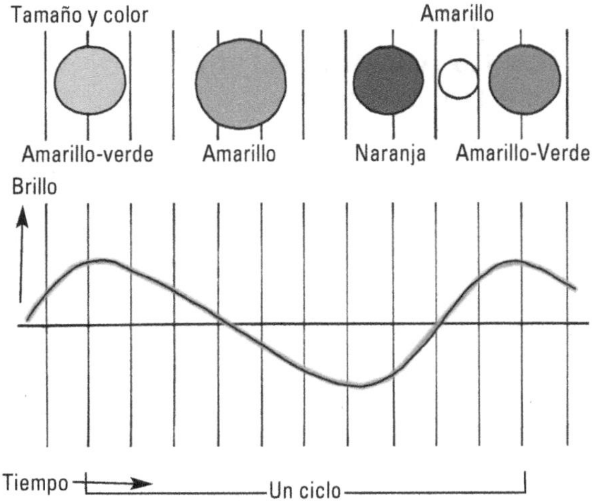

al comentado más arriba. Los ciclos de las cefeidas funcionan concretamente mediante cambios en la ionización del helio. El helio doblemente ionizado es más opaco que el ionizado una sola vez, de manera que se originan oscilaciones en la transparencia y la temperatura. El periodo de estos ciclos está estrechamente relacionado con la luminosidad de la estrella.

Las cefeidas son estrellas masivas muy luminosas: habitualmente tienen una masa entre 5 y 20 veces mayor que el Sol, y son hasta 30.000 veces más luminosas. Pueden variar en escalas temporales de días a meses, durante las cuales sus radios cambian casi un tercio. Su brillo y variabilidad predecible implica que pueden verse a distancias de hasta 100 millones de años luz. Así, pueden rastrearse en galaxias cercanas y determinar su luminosidad, lo que las convierte en unos buenos indicadores de la distancia.

Las variables cefeidas se descubrieron en 1784, y se llaman así por su estrella prototipo, Delta Cephei. Un ejemplo más conocido es Polaris, la estrella del Polo Norte. La relación entre periodo y luminosidad fue descubierta en 1908 por una astrónoma de Harvard, Henrietta Swan Leavitt, que se basó en observaciones de las cefeidas presentes en las Nubes de Magallanes. Las cefeidas eran una parte crucial del rompecabezas para establecer el tamaño de la Vía Láctea, y las distancias a las galaxias más allá de la nuestra. En 1924, Edwin Hubble las usó para averiguar la distancia a la galaxia de Andrómeda, lo que claramente demostraba que estaban más allá de la Vía Láctea. Las cefeidas han desempeñado también un papel clave en las mediciones del ritmo de expansión del universo, a través de la ley de Hubble.

«En el siglo pasado [s. XIX], se produjeron más cambios que en los mil años anteriores. El nuevo siglo [s. XX] vivirá cambios que convertirán los anteriores en simples nimiedades.»

H. G. Wells

Películas del cielo

En el futuro, la astronomía basada en la variabilidad temporal será una rutina. El cielo estará controlado como una película, en lugar de como una serie de instantáneas. La próxima generación de telescopios, tanto ópticos como de radio, se están diseñando para realizar una observación continua del cielo, y poder hacer búsquedas de nuevos tipos de objetos variables, que con suerte aportarán muchas sorpresas. De hecho, ya conocemos un telescopio de esas características: es el gran Telescopio para Rastreos Sinópticos, ubicado en Chile. Cuenta con un espejo de 8,4 m de diámetro y un amplio campo de visión. Puede recorrer el cielo entero dos veces por semana y tomar 800 imágenes cada noche. En 10 años, podrá revisar cada parte del cielo 1.000 veces. Podrá captar imágenes de varios miles de millones de estrellas y de miles de millones de galaxias. Asimismo, debería localizar estrellas variables y cuásares y numerosas supernovas, lo que puede proporcionar datos sobre la energía oscura.

Las cefeidas son un tipo de estrellas intrínsecamente variables. Ese tipo de estrellas se deforma físicamente para producir variabilidad. En el caso de las cefeidas, se hace mediante la pulsación; otras estrellas pueden parecer variables debido a erupciones o estallidos. No obstante, otras pueden variar como resultado del proceso extremo que conduce a las explosiones, como las estrellas variables cataclísmicas, novas y supernovas.

Por otro lado, las estrellas extrínsecamente variables pueden experimentar eclipses por acción de algún compañero que gire a su alrededor, o pueden tener marcos singulares en sus superficies, como manchas solares gigantes, que causan variabilidad mientras la estrella gira. Casi todas las clases de estrellas variables reciben su nombre a partir de su objeto prototípico, como las estrellas RR Lyras, que son como las cefeidas, pero más tenues, y las variables Mira, que pulsan debido a los cambios de la ionización del hidrógeno en lugar del helio.

La idea en síntesis: una película de todo el cielo

45 El Sol

Nuestra estrella más cercana, el Sol, todavía entraña misterios. Mientras que el proceso de fusión nuclear y la estructura de las estrellas se conocen bastante bien, su campo magnético podría ser impredecible. El Sol sigue un ciclo de 11 años de actividad y está sujeto a explosiones erráticas y a ráfagas de viento solar. Estos fenómenos pueden pintar preciosas auroras en la Tierra, perturbar nuestros sistemas electrónicos de comunicaciones y afectar a nuestro clima.

Los antiguos griegos sabían ya que el Sol era una bola gigante de fuego que estaba muy lejos de la Tierra. No obstante, hasta los siglos XVI y XVII, no se demostró que la Tierra gira alrededor del Sol, y no al revés.

La invención del telescopio en el siglo XVII reveló manchas solares, zonas negras que se movían por la superficie del Sol. Galileo Galilei las observó y se dio cuenta de que en su superficie se producían tormentas sin la intervención de nubes. En el siglo XIX, se pudo establecer la composición química del Sol identificando líneas oscuras de absorción en el espectro solar, las llamadas líneas de Fraunhofer. Sin embargo, hasta el siglo XX, con el desarrollo de la física atómica, no se pudo explicar de dónde provenía la energía del Sol, es decir, la fusión nuclear.

El Sol contiene la mayoría de la masa del sistema solar (el 99,9 por 100) en una esfera cuyo diámetro es 100 veces superior al de la Tierra. Se encuentra a unos 150 millones de kilómetros, y la luz que proviene de él tarda ocho segundos en llegar hasta nosotros. Unas tres cuartas partes de la masa del Sol son hidrógeno, el resto es helio con algunos elementos más pesados, como el oxígeno, el carbón, el neón y el hierro. Se quema gracias a la fusión nuclear del hidrógeno en helio de su núcleo. Con una superficie a una temperatura de unos 5.800 K, el Sol es una estrella amarilla de la clase G2, con una luminosidad media correspondiente a una estrella de la secuencia principal, y más o menos a medio camino de sus 10.000 millones de años de vida.

Cronología

1610
Galileo publica las observaciones de un telescopio

1890
Joseph Lockyer descubre el helio en el espectro solar

1920
Arthur Eddington propone que la fusión es la fuente de energía del Sol

«En su rápido movimiento alrededor del Sol, la Tierra posee un grado de fuerza viva tan grande que, si se transformara en el calor equivalente, su temperatura debería ser al menos un millar de veces mayor que la del hierro al rojo vivo, y el globo en el que vivimos, con toda probabilidad, se igualaría en brillo al propio Sol.»

James Prescott Joule

La estructura solar El Sol tiene una estructura similar a una cebolla. Su zona central, que comprende el cuarto más recóndito de su radio, es el núcleo caliente y denso. Ahí es donde se produce la fusión, que libera energía equivalente al consumo de cuatro toneladas métricas de gas por segundo; o a la explosión de decenas de miles de millones de megatones de TNT por segundo. Las temperaturas del núcleo alcanzan los 14 millones de grados kelvin.

La siguiente capa es la zona radiativa, entre el 0,25 y el 0,7 del radio solar. La energía del núcleo viaja a través de esta región como radiación electromagnética, fotones. Las temperaturas aquí disminuyen cuanto más cerca del exterior, desde 7 millones a 2 millones kelvin.

Por encima de la zona radiativa se encuentra la zona de convección, que incluye el 30 por 100 más externo del radio del Sol, hasta la superficie. La elevada temperatura interior provoca que el gas suba burbujeando hasta la superficie y se hunda de nuevo, comportándose como el agua que hierve en un cazo. El calor se pierde rápidamente en esa región, de manera que en la superficie cae a 5.800 K. Una delgada capa de la superficie, la fotosfera, recubre el Sol; tiene un grosor de tan solo unos cientos de kilómetros.

Un gas tenue que se extiende por encima de la superficie forma la atmósfera solar, que puede verse durante un eclipse total de Sol producido por la Luna. Se divide en cinco regiones: una capa fría de 500 km de grosor, conocida como región de temperatura mínima; la cromosfera, una región caliente e ionizada de 2.000 km de grosor; una región de transición de 200 km; la extensa corona, que se alarga hasta bastante lejos del Sol, genera el viento solar y puede llegar a alcanzar

1957
Burbidge *et al.* desarrolla la teoría de la nucleosíntesis

1959-1968
Las sondas Pioneer de la NASA observan el viento solar y el campo magnético

1973
Lanzamiento del Skylab; se observa la corona solar

2004
Génesis captura partículas de viento solar

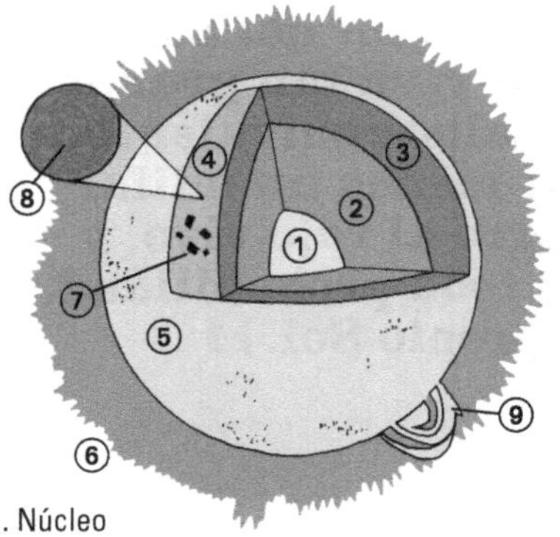

1. Núcleo
2. Zona radiativa
3. Zona convectiva
4. Fotosfera
5. Cromosfera
6. Corona
7. Mancha solar
8. Gránulos
9. Protuberancia solar

millones de grados; y la heliosfera, una burbuja llena de viento solar que se extiende hasta el filo del sistema solar. En 2004, la sonda espacial Voyager pasó a través del borde de esta burbuja, viajando a través de un frente de choque de terminación, llamado heliopausa.

Meteorología espacial El Sol posee un campo magnético joven. Cambia de dirección cada 11 años para marcar el ciclo solar, y también sufre cambios continuos. Las manchas solares, las llamaradas y las oleadas de viento solar surgen cuando el campo magnético del Sol se encuentra particularmente activo. Esos estallidos pueden lanzar nubes de partículas a través del sistema solar. Cuando llegan a la Tierra, el campo magnético del planeta las canaliza a regiones de latitudes altas, donde resplandecen como delicadas auroras, o Luces del Norte y del Sur. Las poderosas erupciones de partículas pueden ser destructivas y estropear las telecomunicaciones y torres de electricidad, tal y como ocurrió en Quebec, Canadá, en 1989.

Las manchas solares son vórtices de campos magnéticos intensos que surgen en la superficie del Sol. Llegan a alcanzar distancias de miles de kilómetros. Al ser más frías que el gas incandescente que las rodea, son oscuras. El número de manchas solares aumenta cuando la actividad magnética alcanza el máximo, aunque fluctúa cada 11 años más o menos. Los ciclos solares inusuales pueden afectar al clima de la Tierra: la Pequeña Edad de Hielo que congeló Europa en el siglo XVII coincidió con la detención del ciclo solar durante varias décadas; durante ese periodo, se detectaron muy pocas manchas. En los años anteriores a 2010, el Sol estuvo en una fase tranquila: su luminosidad cayó ligeramente, mientras que su campo magnético, el número de manchas solares y la fuerza del viento solar fueron menores a la media.

Enigmas El Sol es un buen laboratorio de física estelar. Aunque conocemos bastante bien su funcionamiento, aún no hemos desvela-

La sonda Génesis

Apenas conocemos la química del interior del Sol debido a que tan solo absorben luz sus capas exteriores. Una misión espacial llamada Génesis recogió partículas del viento solar para medir su composición. En 2004 volvió a la Tierra, trayendo muestras consigo. Aunque su paracaídas falló y se estrelló en el desierto de Nevada, los astrónomos han conseguido reconstruir sus detectores para analizar las partículas del Sol.

> **«Enséñame el nombre de la lumbrera mayor y la menor, que arden de día y de noche...»**
> **William Shakespeare**

do todos sus misterios. Un enigma que se resolvió no hace mucho es el de los neutrinos solares que faltaban. La fusión nuclear de hidrógeno a helio produce partículas llamadas neutrinos como subproducto. Aunque en teoría el Sol debería liberarlos en grandes cantidades, los físicos solo veían menos de la mitad de los esperados.¿Dónde estaba el resto? Los neutrinos son difíciles de detectar porque difícilmente interactúan con la materia. En 2001 el Sudbury Neutrino Observatory de Canadá les dio la respuesta: la razón del déficit era que los neutrinos se convertían en otro tipo de neutrinos durante su viaje desde el Sol. Los físicos detectaron estas otras versiones (neutrinos tauónicos y umónicos), y demostraron que los neutrinos oscilaban entre estos tipos y que las partículas tenían una masa medible, aunque pequeña (en lugar de carecer de masa como se creía anteriormente). El problema del cálculo de los neutrinos solares estaba resuelto.

No obstante, queda un segundo enigma solar aún por explicar: el mecanismo de calentamiento de la corona del Sol hasta millones de grados. La fotosfera está solo a 5.800 K, así la corona no está caliente por la radiación de la superficie del Sol. La mejor opción planteada hasta ahora es que la energía magnética impregna el plasma de la corona. Se crea cuando las líneas de los campos magnéticos chasquean, crepitan y revientan, formando llamaradas y ondas magnéticas que cruzan el gas.

El destino del Sol El Sol tiene una edad de 4.500 millones de años, y más o menos se encuentra en la mitad de su ciclo vital. Dentro de 5.000 millones de años agotará el combustible de hidrógeno de su núcleo y se dilatará hasta convertirse en un gigante rojo. Sus capas exteriores hinchadas se extenderán más allá de la órbita de la Tierra, y alcanzarán 250 veces el radio actual del Sol. Aunque conforme el Sol pierda masa, los planetas podrán soltarse y alejarse a órbitas más distantes, la Tierra no se librará. Toda el agua de la Tierra hervirá y desaparecerá, y la atmósfera desaparecerá. Ahora, la luminosidad del Sol aumenta alrededor de un 10 por 100 cada mil millones de años, de manera que la vida terrestre se extinguirá dentro de mil millones de años más o menos. El Sol acabará sus días como una enana blanca tras haberse despojado de sus capas exteriores y aparecerá temporalmente como una nebulosa planetaria. Solo quedará su núcleo.

La idea en síntesis: nuestra estrella más cercana

46 Exoplanetas

Ahora conocemos cientos de planetas alrededor de estrellas diferentes al Sol. La mayoría de los encontrados hasta ahora, revelados por el bamboleo espectroscópico que provocan en su estrella madre, son gigantes de gas como Júpiter. No obstante, las misiones espaciales buscan pequeños planetas rocosos que puedan ser análogos habitables de la Tierra.

El descubrimiento de planetas alrededor de estrellas diferentes al Sol (exoplanetas) ha sido una de las metas más perseguidas de la astronomía. Teniendo en cuenta que hay tantas estrellas en la Vía Láctea, parece poco probable que nuestro sistema planetario solar sea el único. No obstante, detectar cuerpos tenues que orbiten alrededor de estrellas brillantes y lejanas es difícil, de ahí que los exoplanetas no se detectaran hasta la década de los noventa del siglo XX, cuando los telescopios mejoraron lo suficiente para revelarnos su existencia. A partir de entonces, se produjo una retahíla de detecciones: ahora conocemos más de 400 exoplanetas.

Excepto un puñado de planetas localizados alrededor de púlsares mediante técnicas de radioastronomía, la gran mayoría se descubrieron por la firma que dejaban en los espectros de las estrellas. En 1995 Michel Mayor y Didier Queloz de la Universidad de Ginebra hicieron la primera detección de este tipo cuando perfeccionaron el método buscando ligeros cambios en las longitudes de onda de la luz estelar, debido al jalón de un planeta sobre la estrella.

Encontrar planetas Cuando dos cuerpos masivos giran ambos alrededor de su centro de masas conjunto —un punto que se encuentra más cerca del cuerpo mayor, y entremedio de ellos— la presencia del planeta hace que la estrella describa un pequeño círculo cuando su compañero se mueve a su alrededor. Este bamboleo puede identificarse como un cambio Doppler en la luz de la estrella: conforme la estrella se aleja de nosotros, su luz se desplaza hacia longitudes de onda más rojas; mientras que cuando se mueve hacia nosotros parece un poco

Cronología

1609 Kepler publica la teoría de que las órbitas son elipses

1687 Newton explica las leyes de Kepler con la gravedad

1781 William Hersch descubre Uran

«Llegará un momento en que la capacidad de visión de los hombres se expandirá. Entonces, deberían ver planetas como nuestra Tierra.»

Sir Christopher Wren

más azul. Aunque no podamos ver el planeta en sí mismo, podemos detectar su presencia porque su masa hace que la estrella baile hacia atrás y hacia adelante (véase la p. 36).

La mayoría de los planetas identificados hasta ahora se han encontrado mediante el método Doppler. En teoría podríamos buscar el bamboleo de la estrella directamente como un pequeño cambio en su posición; pero una medición tan precisa es extremadamente difícil de realizar porque las estrellas están muy lejos. Otro método es buscar un oscurecimiento de la estrella debido a los tránsitos de un planeta delante de ella. Un planeta como la Tierra bloquearía una pequeña fracción (unas 100 partes por millón) de la luz de la estrella durante varias horas cada vez. Para realizar una detección convincente, esta caída debe repetirse de manera fiable, en un ciclo que puede durar días, o meses o hasta años. Una vez que su periodo orbital se ha medido así, la masa del planeta puede calcularse usando la tercera ley de Kepler. Hasta ahora, se han encontrado unos cuantos planetas de este modo.

Misión Kepler

Lanzada en 2009, la sonda Kepler de la NASA fue diseñada para encontrar planetas semejantes a la Tierra. Su telescopio de 0,9 m de diámetro observó continuamente una gran franja del cielo (unos 105 grados cuadrados) que incluía 100.000 estrellas. Si algún planeta del tamaño de la Tierra pasaba por delante de cualquier estrella, se podía identificar mediante una bajada en su luminosidad. En 2013 se dio por finalizada la misión principal. En 2018, el combustible del Sistema de control de reacción a bordo del telescopio se agotó, y la NASA anunció su retirada.

1843-1846	1930	1992	1995	2009-2018
Adams y Le Verrier predicen y descubren la existencia de Neptuno	Clyde Tombaugh descubre Plutón	Descubrimiento del primer planeta extrasolar alrededor de un púlsar	Descubrimiento del primer planeta extrasolar mediante el método Doppler	Misión Kepler

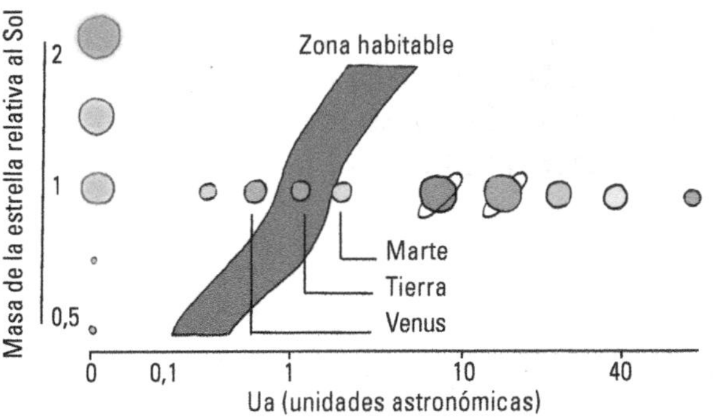

Los diferentes métodos de detección suelen dar con diferentes tipos de planetas. El método Doppler es más sensible a planetas muy grandes, como Júpiter, que orbitan muy cerca de su estrella, donde ejercen su tirón más fuerte. El método del tránsito puede localizar planetas más distantes y pequeños, incluidos los semejantes a la Tierra, pero requiere mediciones muy sensibles de la luz de la estrella durante periodos largos. Esto se puede hacer mejor desde el espacio, sobre la atmósfera turbulenta de la Tierra. Varias misiones han usado el método del tránsito, incluida la sonda Kepler de la NASA, que se lanzó en 2009 y concluyó en 2018.

Júpiteres calientes De los centenares de planetas detectados hasta ahora, la mayoría son gigantes de gas que están muy cerca de su estrella madre. Tienen masas similares a la de Júpiter, y casi todos tienen una masa 10 veces mayor que la de la Tierra, pero se mueven en órbitas muy estrechas y más cerca de su estrella que Mercurio lo está de nuestro Sol. Estos Júpiteres calientes suelen completar una órbita alrededor de sus estrellas en solo unos días, y sus atmósferas se calientan debido a su proximidad. Se ha comprobado que un planeta tiene un lado diurno más caliente, ya que alcanza los 1.200 K cuando da la cara a la estrella, y es más frío por el lado nocturno, ya que cae a cerca de 970 K. Los astrónomos han detectado agua, sodio, metano y dióxido de carbono en el espectro de las atmósferas de los exoplanetas.

Los exoplanetas se definen como cuerpos que orbitan, con una masa demasiado pequeña para sufrir una fusión de deuterio, no son lo suficientemente grandes para encenderse y convertirse en estrellas. En la práctica, el tamaño máximo es unas 13 veces el de Júpiter. Las bolas de gas inactivas por encima de este límite de fusión se llaman enanas marrones. No hay un limite de masa más bajo, al margen de la escala típica de planetas de nuestro sistema solar. Los exoplanetas pueden ser gigantes gaseosos como Júpiter y Saturno o rocosos como la Tierra y Marte.

Encontrados en cerca de un 1 por 100 de la secuencia principal de estrellas investigadas hasta ahora, los exoplanetas son comunes. Aunque esta estadística esté subestimada, tal y como parece teniendo en cuenta la tendencia que se observaba en los Júpiteres, debe de haber miles de millones de planetas en la Vía Láctea, que contiene 100.000 millones de estrellas. Algunas estrellas tienen más probabilidad de albergar planetas que otras. Las estrellas similares a nuestro Sol (clasificaciones espectrales F, G o K) tienen más probabilidad de hacerlo, mientras que las estrellas enanas (clase M) y las luminosas estrellas azules (clase O) tienen menos. Por último, las estrellas cuyos espectros muestran que contienen relativamente más elementos pesados, como hierro, tienen mayor probabilidad de tener planetas, y de que tengan una masa alta.

«El único planeta realmente extraño es la Tierra.»

J. G. Ballard

Muchas de las órbitas de los exoplanetas detectadas hasta ahora son extremas. Los que orbitan más rápidamente, rodeando a su estrella en menos de 20 días, suelen seguir trayectorias casi circulares, similares a las que se ven en nuestro sistema solar. Las que tardan más, suelen seguir órbitas elípticas y en ocasiones altamente alargadas. Que estas órbitas alargadas persistan y no pasen a ser circulares es difícil de explicar. No obstante, es destacable que se aplique la misma física a esos planetas lejanos que a nuestro propio sistema solar.

Zona habitable Mientras investigan los sistemas planetarios de otras estrellas, los astrónomos esperan encontrar planetas de masa más baja, y que estén más alejados de su estrella anfitriona que los Júpiteres calientes. Buscan concretamente planetas semejantes a la Tierra: exoplanetas rocosos con masas y localizaciones similares respecto a su estrella como la Tierra respecto al Sol. Alrededor de cada estrella, hay una «zona habitable», donde un planeta tendría la temperatura correcta para albergar agua líquida, y por tanto la posibilidad de vida. Si un planeta está situado más cerca, el agua de su superficie herviría; y si estuviera un poco más lejos el agua se congelaría. La distancia clave depende de la luminosidad de la estrella: los planetas habitables están más lejos de las estrellas brillantes y más cerca de las más tenues. Los astrónomos han aprendido mucho sobre los planetas en los últimos veinte años, pero todavía les queda por alcanzar un último santo grial: encontrar un planeta análogo a la Tierra alrededor de una estrella lejana. No obstante, como la tecnología y la precisión de las observaciones avanzan, es solo una cuestión de tiempo que conozcamos el mapa de los sistemas exoplanetarios.

La idea en síntesis: otros mundos

47 Formación del sistema solar

El Sol se formó a partir de una nube de gas gigante hace 4.500 millones de años. Del mismo modo que otras estrellas se condensan a partir de nubes moleculares, el Sol surgió gravitacionalmente a partir de un mar de hidrógeno, helio y rastros de otros elementos. De sus escombros, se formaron los planetas. La acreción y las colisiones dictaron sus tamaños y sus posiciones en una partida de billar cósmica.

Cuando el modelo heliocéntrico ganó aceptación en el siglo XVIII, se plantearon numerosas cuestiones sobre el origen del sistema solar. Emanuel Swedenborg planteó en 1734 la idea de que el Sol y los planetas formaban una nube de gas gigante, e Immanuel Kant y Pierre-Simon Laplace la desarrollaron más tarde en ese siglo. Aunque a grandes rasgos sigue siendo cierta, esa concepción se ha elaborado mucho desde entonces. Igual que otras estrellas, como la nebulosa de Orión, el Sol debió de condensarse a partir de una nube rica en hidrógeno, helio y restos de otros elementos. La nube pre-solar debió de tener una extensión de muchos años luz, y contuvo suficiente gas para potencialmente hacer miles de Soles. El Sol pudo no estar solo en esta nube, ya que algunos meteoritos que contienen ciertas cantidades de un isótopo pesado de hierro (Fe-60) sugieren que la nebulosa estaba contaminada con material expulsado de una supernova cercana. Así, el Sol podría haber crecido entre otras estrellas masivas, que habrían tenido una vida corta y habían explotado antes de que el sistema solar hubiera llegado a formarse.

El Sol creció gradualmente de una región con una densidad alta de la nube por acción de la gravedad. En 100.000 años se convirtió en una protoestrella, una bola de gas caliente y densa que todavía no había sufrido la fusión. Está rodeada por un disco circumestelar de gas y polvo que se alargó hasta alcanzar varios centenares de veces el radio actual de la Tierra. Después de unos 50 millones de años, el motor de

Cronología

1704

Se usa por primera vez el nombre de «sistema solar»

La colisión de un cometa

Entre el 16 y el 22 de julio de 1994, el cometa P/Shoemaker-Levy 9 chocó contra la atmósfera de Júpiter. Fue la primera vez que se vio una colisión de dos cuerpos del sistema solar , y la siguieron desde la mayoría de los observatorios en la Tierra y el espacio. Cuando el cometa se acercaba a Júpiter, su núcleo se rompió, al menos, en 21 fragmentos de hasta 2 kilómetros de tamaño. Los astrónomos observaron los choques de cada uno de los trozos contra la atmósfera, que provocaron columnas de gases y meteoritos.

fusión del Sol se puso en marcha y se convirtió en una estrella de la secuencia principal.

Planetas en crecimiento Los planetas se formaron a partir de los desechos reunidos en el disco. Los granos se fusionaron y se agruparon para formar objetos con kilómetros de tamaño, y éstos, después, chocaron y se unieron. Los embriones planetarios se hicieron cada vez más grandes. Al mismo tiempo, algunas regiones del disco empezaron a estar libres de material, especialmente cerca de donde se estaban formando los planetas.

Las regiones interiores del sistema solar en formación estaban calientes, de manera que los componentes volátiles como el agua podrían no condensarse ahí. Los planetas rocosos, ricos en metal, se formaron a base de elementos químicos con puntos de fusión altos: el hierro, el níquel y los componentes de aluminio y silicatos, las bases minerales de las rocas ígneas que vemos hoy en la Tierra. Los planetas terrestres (Mercurio, Venus, la Tierra y Marte) crecieron a un ritmo constante conforme incorporaban cuerpos más pequeños. Se cree que los plane-

«El Sol creció gradualmente a partir de una región superdensa de la nube debido a la gravedad: la superdensidad se colapsó por su propio peso, y creció debido a que la gravedad atrajo más gas.»

Tycho Brahe

1734
Swedenborg propone la hipótesis nebular

1994
Un cometa choca contra Júpiter

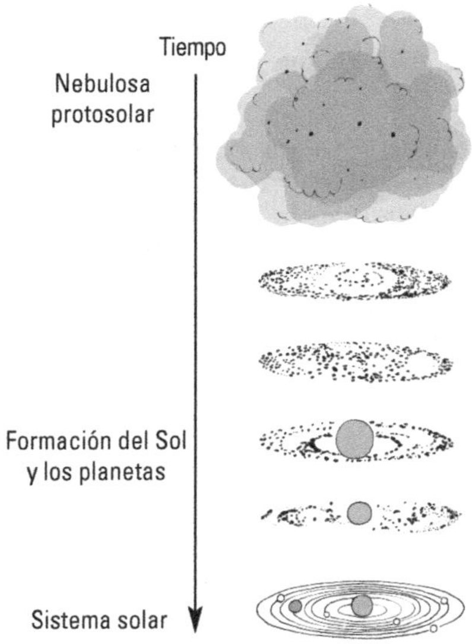

tas interiores se formaron más lejos del Sol de lo que están hoy, y que sus órbitas se contrajeron conforme los planetas se ralentizaron debido al arrastre del gas que quedaba en el disco, y que finalmente se disipó.

Los planetas gigantes de gas (Júpiter, Saturno, Urano y Neptuno) se formaron más allá de la «línea de hielo», donde los componentes volátiles se congelaron. Estos planetas eran lo suficientemente grandes para absorber las atmósferas de hidrógeno y helio; los cuatro conforman el 99 por 100 de la masa que orbita alrededor del Sol. Después de 10 millones de años, el joven Sol había expulsado todo el gas externo superfluo del disco, de manera que los planetas se estabilizaron y dejaron de crecer. Originalmente se pensó que los planetas se formaron básicamente en las posiciones en las que los vemos hoy. Pero en el siglo XX, los astrónomos se dieron cuenta de que no fue así. Desarrollaron nuevas teorías que sugirieron que los planetas, de hecho, se habían desplazado mucho por colisiones, como si de una partida de billar cósmica se tratara.

Impactos gigantes Cuando los planetas interiores casi se habían completado, la región seguía cubierta de cientos de embriones planetarios del tamaño de la Luna. Colisionaron con los planetas establecidos en impactos gigantes. Sabemos que esos acontecimientos ocurrieron porque la Tierra ganó su Luna en una colisión y Mercurio perdió buena parte de su corteza exterior en otra. La explicación más plausible para todas estas colisiones es que las órbitas de los planetas debían de ser más alargadas de lo que son ahora, y por tanto sus caminos se cruzaban frecuentemente con objetos más pequeños. Desde entonces, las órbitas se han regularizado y se han vuelto casi circulares quizás por colisiones sucesivas o por el arrastre de desechos.

Los escombros del cinturón de asteroides, entre Marte y Júpiter, pueden ser los remanentes de un planeta destruido por muchas colisiones. La región era particularmente propensa a ello debido a la influencia gravitacional de Júpiter, el planeta más grande del sistema solar. Cuando la órbita de Júpiter cambió, causó una disrupción enorme. Las «resonancias» gravitacionales sacudieron la región que estaba dentro de su órbita. Las colisiones resultantes destruyeron el planeta que estaba ahí, dejando tras de sí los asteroides esparcidos. Algunos asteroides helados de este cinturón podrían haber llegado a la órbita de la Tierra, trayendo agua a nuestro joven planeta, aunque el agua también pudo llegar de los cometas.

Meteoritos

Los meteoritos están hechos de escombros cósmicos, como, por ejemplo, material remanente del sistema solar temprano y de fragmentos planetarios. Hay tres tipos principales: los meteoritos ferrosos, que provienen de los núcleos de asteroides destruidos; meteoritos rocosos, que están hechos principalmente de silicatos; y los meteoritos litosideritos que son una mezcla de ambos. Los minerales de estas rocas oscuras contienen isótopos, cuyas proporciones pueden usarse como relojes cósmicos para medir cuándo se formaron, según sus índices de decaimiento radiactivo. Uniendo estos datos, puede determinarse cómo se distribuyeron y unieron los bloques de construcción del sistema solar.

Júpiter y los demás planetas exteriores se movieron mucho en las últimas etapas de su formación. El disco habría sido demasiado frío y difuso en los radios de la mayoría de los planetas para que se formaran objetos considerables. Por tanto, Urano y Neptuno, y los objetos del Cinturón de Kuiper, entre los que se incluirían Plutón y los cometas, debieron de formarse más cerca del Sol y abrirse por las interacciones gravitacionales. Neptuno pudo haberse formado dentro de la órbita de Urano, y ser arrastrado fuera de ella. Una posible razón es un baile orbital que empezó entre Júpiter y Saturno 500 millones de años después del nacimiento del sistema solar. Durante un periodo, la órbita de Júpiter era el doble de rápida que la de Saturno, de modo que su resonancia orbital barrió el sistema solar. Empujaron a Neptuno hacia fuera, y los pequeños cuerpos helados se diseminaron por el Cinturón de Kuiper.

«Los átomos se crearon en menos de una hora, las estrellas y planetas, en unos cuantos cientos de millones de años, pero para hacer al hombre, se necesitaron cinco mil millones de años.»

George Gamow

Bombardeo tardío Durante el periodo en que los planetas exteriores migraban o se desplazaban, muchos asteroides fueron lanzados al sistema solar interno. Las órbitas de los planetas terrestres estaban relativamente asentadas. Se produjo un periodo de «bombardeo tardío intenso», durante el cual se formaron muchos de los cráteres en la Luna y las superficies de otros planetas sufrieron impactos. Después de que cesara el bombardeo, hace 3.700 millones de años, emergieron los primeros signos de vida en la Tierra.

La idea en síntesis: un billar cósmico

48 Lunas

Aparte de Mercurio y Venus, todos los demás planetas del sistema solar tienen una o más lunas. Muchos poetas se han inspirado en la belleza de nuestra propia Luna, pero imaginemos lo espectacular que sería la escena si hubiera más de cincuenta orbes en nuestros cielos, como tienen, cada uno, Saturno y Júpiter. La lunas pueden formarse de tres modos: *in situ*, después de crecer a partir de un disco de gas y escombros alrededor de un planeta; capturando un asteroide que pase cerca; o desbastarse del planeta a causa de un impacto violento con otro cuerpo. Una colisión de ese tipo puede haber sido el origen de nuestra Luna.

Los planetas gigantes exteriores son tan vastos que retienen desechos que orbitan. Júpiter, Urano y Neptuno tienen anillos, pero Saturno es con diferencia el más grande y ha causado asombro desde el siglo XVII, cuando Galileo lo observó con su telescopio. Miles de anillos rodean Saturno, y se extienden hasta casi 300.000 km de distancia del planeta, y todos se encuentran en un delgado plano de tan solo un kilómetro de grosor. Los anillos están hechos de miles de millones de pequeños trozos de hielo, con un tamaño que va desde un azucarillo al de una casa.

Saturno tiene más de 50 lunas y cada una es única. Titán, la mayor descubierta en 1655 por el astrónomo holandés Christiaan Huygens, alberga una atmósfera gruesa, teñida de naranja, que está compuesta principalmente de nitrógeno. Jápeto es blanca por un lado, y oscura por el otro, puesto que su parte frontal se cubre de hielo cuando se mueve a través del material del anillo; Mimas tiene un cráter enorme de una colisión pasada; y Encelado está activa debajo de su superficie, lanzando columnas de vapor de agua desde su volcán de hielo. Se han detectado decenas de pequeñas lunas, muchas de las cuales han abierto huecos en el sistema de anillos al formarse acreciendo trozos de hielo.

Los planetas interiores son demasiado pequeños para que puedan haberse formado lunas de anillos de escombros, y por tanto las han capturado. Se cree que las lunas de Marte, Deimos y Phobos, son asteroides

Cronología

1655 Huygens descubre Titán

1969 El programa Apolo consigue llevar al hombre a la Luna que el planeta atrapó. En el caso de la Tierra, la creación de la Luna fue más violenta. En el sistema solar temprano, cuando muchos cuerpos considerables chocaban unos con otros, mientras los embriones planetarios se formaban, se cree que un asteroide golpeó directamente contra la Tierra. Y la Luna es el resultado de ese impacto.

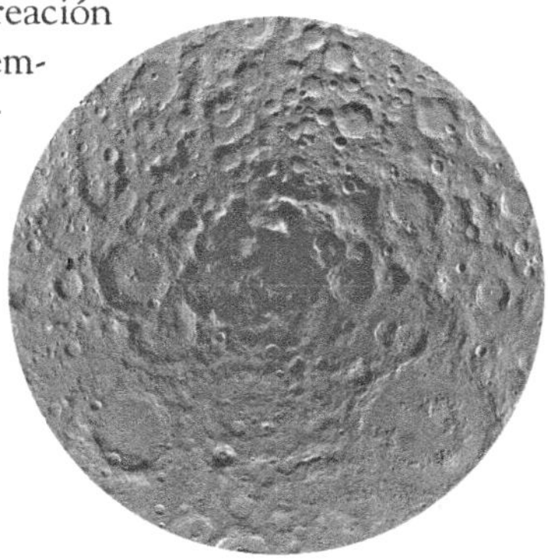

Hipótesis del impacto gigante La cuestión del origen de la Luna ha sido un tema de interés siempre, pero en la década de los años setenta del siglo xx, volvió a ser el centro de atención gracias al programa Apolo. Los astronautas trajeron a la Tierra rocas e información geológica de la Luna, e instalaron detectores en su superficie para que recogieran señales sísmicas y reflejaran la luz láser para establecer la distancia precisa a la que se encuentra de la Tierra. Descubrieron que la Luna se aleja de la Tierra a un ritmo de 38 mm por año, y que tiene un núcleo pequeño y parcialmente fundido. La composición de la corteza de la Luna es muy similar a las rocas ígneas de la Tierra.

«Aquí unos hombres del planeta Tierra pisaron por primera vez la Luna, en julio de 1969, d.C. Hemos venido en son de paz, en nombre de toda la humanidad.»

Placa dejada en la Luna, 1969

Durante mucho tiempo, los científicos pensaban que la Luna se formó al mismo tiempo que la Tierra, y que una gotita de magma fundido se escapó. Pero el pequeño tamaño del núcleo de la Luna, un 20 por 100 del radio del satélite, comparado con el 50 por 100 de la Tierra, sugirió que se necesitaba una explicación diferente. Si se habían formado al mismo tiempo, su núcleo debería ser mucho mayor. En 1975, William Hartmann y Donald Davis elaboraron una hipótesis alternativa: que en la creación de la Luna habría otro cuerpo involucrado y que aquella era fruto de un impacto casi catastrófico.

Se supone que un cuerpo del tamaño similar al de Marte, llamado Theia, colisionó con la Tierra unos 50 millones de años después de que el sistema solar se formara, hace unos 4.500 millones de años. El impacto fue tan fuerte que casi destrozó la Tierra humeante y el calor que se generó hizo que las capas exteriores de ambos cuerpos se fundieran. El duro núcleo de hierro de Theia se hundió y se unió al de la

1975
Se desarrolla la hipótesis del impacto gigante

1996
La misión espacial Clementine divisa agua en la Luna

2009
LCROSS y Chandrayaan confirman la presencia de agua

Mareas y acoplamiento orbital

La Luna nos muestra la misma cara cada noche. Esto se debe a que gira alrededor de la Tierra al mismo tiempo que gira sobre su eje (en un ciclo de alrededor de 29 días). Esta sincronía origina el efecto de las mareas. La gravedad de la Luna distorsiona la fluida superficie de la Tierra, arrastrando un bulto en los océanos hacia el propio satélite, e igualmente en el lado opuesto del planeta.

Esas protuberancias producen las mareas, que cambian conforme la Luna gira alrededor de la Tierra. Pero también funcionan como topes de la Luna: si el planeta y la Luna giran a ritmos diferentes, el efecto gravitatorio de la protuberancia arrastrará la Luna de nuevo a su posición.

Tierra, y el manto y la corteza de la Tierra salieron despedidos al espacio por ser más ligeros. Ese material se unió y se convirtió en la Luna.

La hipótesis del impacto gigante explica por qué la Luna es tan grande en relación a la Tierra, a pesar de tener un núcleo de hierro pequeño. La densidad media más baja de la Luna (3,4 g/cm^3) comparada con la Tierra (5,5 g/cm^3) se debe a que la Luna carece de hierro pesado. La roca de la Luna tiene exactamente las mismas proporciones de isótopos varios de oxígeno que la Tierra, lo que implica que se formó en el mismo entorno. En cambio, las rocas marcianas y los meteoritos que se formaron en otras partes del sistema solar tienen composiciones muy diferentes. Las simulaciones por ordenador de la mecánica del impacto confirman que el escenario es plausible.

Otras pruebas apuntan a que la superficie de la Luna estuvo fundida en otra época. Minerales ligeros han flotado a la superficie de la Luna, como se habría esperado si se hubiera cristalizado en una fase líquida. Las cantidades de varios isótopos radiactivos, cuyos tiempos de desintegración pueden usarse para medir edades minerales, indican que la superficie se enfrió lentamente, y que quizás tardó hasta 100 millones de años en solidificarse. No obstante, esta teoría también tiene algunas inconsistencias: la Luna tiene diferentes proporciones de elementos volátiles, y además carece de hierro, al contrario que la Tierra. Asimismo, tampoco hay ni rastro de la propia Theia, en forma de isótopos inusuales o rocas extrañas remanentes. No hay pistola humeante.

Diferenciación Cuando la Luna se enfrió, los minerales se cristalizaron fuera del océano de magma y se establecieron en profundidades de acuerdo a su peso. El cuerpo se diferenció y formó una ligera corteza, un manto intermedio y un núcleo pesado. La corteza, de solo 50 km de grosor, es rica en minerales ligeros, entre los que se incluye la plagioclasa (un feldespato que se encuentra en el granito). Se compone de una masa de alrededor del 45 por 100 de oxígeno y un 20 por

«Y desde mi almohada, mirando a la luz de la Luna o de estrellas favorables, pude contemplar la antecapilla donde se alzaba la estatua de Newton, con su prisma y su rostro callado, el índice de mármol de una mente que viaja eternamente, sola, por los desconocidos mares del Pensamiento.»

William Wordsworth

100 de sílice, mientras que el resto está formado por metales, incluidos hierro, aluminio, magnesio y calcio. El núcleo es pequeño pues está limitado a unos 350 km o menos. Es probable que esté en parte fundido y que sea rico en hierro y metales.

En medio, está el manto, que experimenta terremotos lunares cuando las fuerzas de marea la deforman. Aunque se cree que ahora está sólida, a lo largo del tiempo la Luna se fundió y generó volcanismo hasta hace mil millones de años. La superficie de la Luna está marcada por numerosos cráteres, resultantes de impactos, que han esparcido rocas y polvo por su superficie, en una capa conocida como regolito.

Agua La superficie de la Luna está seca, pero los cometas o cuerpos de hielo que ocasionalmente impactaron en su superficie pudieron llevar agua con ellos. Para la exploración lunar, así como para aprender sobre la transferencia de materiales a través del sistema solar, es importante saber si hay agua en la Luna o no. Aunque en la Luna se evaporaría rápidamente con la luz del Sol directa, hay algunas partes de la Luna que están en sombra permanente, especialmente los lados de los cráteres cerca de los polos. Los físicos sospechan que en esos lugares sombríos puede sobrevivir el hielo.

Numerosos satélites en órbita han recorrido la superficie, con resultados diversos. A finales de los años noventa del siglo pasado, el Clementine y el Lunar Prospector informaron de la presencia de hielo de agua polar, aunque las observaciones por radio desde la Tierra no pudieron confirmarlo. Misiones como la LCROSS (Lunar Crater Observation and Sensing Satellite) de la NASA, durante la cual se lanzó un proyectil a la superficie y los instrumentos de a bordo analizaron la luz de la columna de humo resultante, así como la Chandrayaan de India, confirmaron la presencia de agua en las sombras de los cráteres. Quizás los futuros astronautas encuentren la suficiente para vivir sobre la superficie reseca de la Luna.

La idea en síntesis: un pequeño paso

49 Astrobiología

La vida florece en la Tierra. Históricamente, hemos creído desde hace mucho que la vida existía más allá de nuestro planeta, tal y como demuestran las historias sobre los canales de Marte y sobre criaturas voladoras en la Luna. No obstante, cuanto más hemos buscado en nuestro sistema solar, más yermo parece nuestro entorno. Aunque la vida es robusta, parece necesitar unas condiciones particulares para existir. La astrobiología busca respuesta a la pregunta de cómo surge la vida en el cosmos y dónde.

La vida empezó en la Tierra muy poco después de que se formara el planeta, hace 4.500 millones de años.

Los estromatolitos fósiles, unos montículos con láminas orgánicos, muestran que las cianobacterias existían ya hace 3.000 millones de años. La fotosíntesis, el proceso químico que usa la luz del Sol para convertir elementos químicos en energía, también está en marcha. Las rocas más viejas conocidas, identificadas en Groenlandia, tienen una antigüedad de 3.850 millones de años. Por tanto, la vida empezó en un pequeño marco.

La teorías del origen de la vida son tan viejas y diversas como las especies. Los organismos como las bacterias y los protozoos fueron vistos por primera vez en el siglo XVII, cuando se inventó el microscopio. La aparente simplicidad de las bacterias llevó a los científicos a suponer que aquellas gotas habían crecido espontáneamente de la materia inanimada. Pero cuando vieron que se replicaban, sugirieron que la vida se autogeneraba. En 1861, Louis Pasteur fracasó en su intento crear bacterias de un líquido estéril rico en nutrientes. Construir el primer organismo era problemático.

Charles Darwin trató el tema del origen de la vida en una carta dirigida al botánico Joseph Hooker en 1871. Decía que podía haber empezado en un «pequeño charco templado, con todo tipo de amoníacos y sales fosfóricas, luz, calor y electricidad, de manera que después de que

Cronología

1861
Louis Pasteur fracasa al intentar crear vida de un caldo de nutrientes

1871
Charles Darwin habla de su «pequeño charco templado»

> **«Que la ciencia todavía no pueda arrojar luz al problema de la esencia u origen de la vida no es una objeción válida. ¿Quién puede explicar la gravedad? Y nadie cuestiona ahora que los objetos sufran los resultados consiguientes de este desconocido elemento de atracción...»**
>
> **Charles Darwin**

se formó químicamente el primer compuesto proteínico, estuvo lista para sufrir cambios todavía más complejos».

Sopa primordial La explicación de Darwin se acerca a lo que los científicos creen en la actualidad, con un añadido importante. Al carecer de plantas y fuentes biológicas de oxígeno la Tierra temprana carecía de oxígeno, al contrario que hoy. Contenía amoníaco, metano, agua y otros gases que favorecían ciertos tipos de reacciones químicas. En 1924 Alexander Oparin sugirió que en estas condiciones «pudo crearse una sopa primigenia de moléculas». Esos mismos procesos no podrían ahora ocupar un lugar en nuestra atmósfera rica en oxígeno.

Las condiciones de la Tierra temprana eran propias de un infierno, tal y como refleja el nombre geológico de periodo Hadeico que se dio a esa era. Tras aparecer unos 200 millones de años después de la formación de la Tierra, los océanos al principio hervían llenos de ácido. Era la época del Bombardeo tardío, así que los asteroides se estrellaban a menudo contra la superficie del planeta. El tiempo turbulento, como tormentas eléctricas y lluvias torrenciales, convertían la Tierra en un lugar inhóspito. Y aun estas condiciones pudieron conducir a la vida. La miríada de organismos que viven alrededor de los respiraderos hidrotermales del fondo marino muestran que el agua hirviendo y la oscuridad no son obstáculos, siempre y cuando haya suficientes nutrientes. Incluso así, los primeros organismos tuvieron que desarrollarse de algún modo a partir de moléculas complejas.

La condiciones hostiles de la Tierra temprana pudieron ser adecuadas para crear moléculas orgánicas. Los experimentos de laboratorio que, en 1953, realizaron Stanley L. Miller y Harold C. Urey demostraron

Década de 1950	1953	2005	2024
Fred Hoyle defiende la «panspermia»	Experimento de Miller-Urey	La sonda Huygens aterriza en Titán	Lanzamiento de la sonda Europa Clipper

La sonda Huygens

La sonda espacial Huygens aterrizó en la superficie de Titán el 14 de enero de 2005, después de un viaje de siete años. Dentro de una estructura protectora de unos cuantos metros, llevaba una serie de instrumentos con los que midió los vientos, la presión atmosférica, la temperatura y la composición de la superficie mientras descendía a través de la atmósfera y aterrizaba en una llanura helada. Titán es un mundo extraño cuya atmósfera y superficie están empapadas en metano líquido. Huygens fue la primera sonda espacial que aterrizó en un cuerpo del sistema solar exterior.

que las pequeñas partículas básicas para la vida, como los aminoácidos, pueden producirse a partir de una mezcla de gases (metano, amoníaco e hidrógeno), si pasa electricidad a través de ellas. Desde entonces, sin embargo, los científicos no han avanzado mucho. El paso arquitectónico de construir las primeras células plantea todo un reto: se ha sugerido que las estructuras formadas por lípidos, y que se asemejan a membranas pudieron ser un precursor. Sin embargo, estamos lejos de comprender los procesos de división de células y el ajuste del motor químico (el metabolismo). Hasta ahora, nadie hay conseguido hacer una protocélula convincente desde cero.

Panspermia Una posibilidad alternativa es que las moléculas complejas, y quizás los organismos biológicos simples, se originaran en el espacio. Más o menos al mismo tiempo que se realizaba el experimento de Miller-Urey, el astrónomo Fred Hoyle planteaba la idea de la «panspermia», según la cual impactos de meteoritos y cometas sembraron la vida en la Tierra. Por muy inverosímil que parezca, el espacio está lleno de moléculas, algunas de ellas complejas. Así, en 2009, se detectó glicina en el material lanzado por el cometa Wild-2, del que la sonda estelar Stardust de la NASA tomó muestras que trajo después a la Tierra.

Para saber más sobre las condiciones que pueden sustentar formas tempranas de vida, y sobre cómo se han podido extender las moléculas, los astrobiólogos están ansiosos de explorar lugares clave de nuestro sistema solar. Marte es el objetivo principal. Aunque su superficie está ahora seca, se piensa que estuvo húmeda en el pasado. Todavía queda agua helada en sus polos, y las imágenes del Mars Rover han aportado pruebas de que el agua líquida ha fluido por su superficie, quizás en pequeños riachuelos o debido a una tabla de agua subterránea y fluctuante. Asimismo, se ha detectado metano en la atmósfera del planeta rojo, que sugiere un origen geológico o quizás biológico.

«La gran edad de la Tierra parecerá todavía más grande al hombre cuando comprenda el origen de los organismos vivos y las razones del desarrollo gradual y de la mejora de su organización.»

Jean-Baptiste Lamarck

Turismo astrobiológico La luna más grande de Saturno, Titán, es otra ubicación que puede ser propicia para la vida y que tiene similitudes con la temprana Tierra. Aunque está situada en el sistema solar exterior helado, está envuelta por una gruesa atmósfera de nitrógeno que contiene muchas moléculas orgánicas, entre las que se incluye el metano. En 2005, visitó esa luna una sonda lanzada por la nave Cassini de la NASA, que está investigando Saturno. La cápsula, llamada Huygens por el físico holandés del siglo XVII que descubrió dicha luna, bajó por las nubes de la atmósfera de Titán para aterrizar en su superficie de metano congelado. Titán tiene continentes, dunas de arena, lagos y quizás ríos, hechos de metano y etano sólidos y líquidos, en lugar de agua. Algunas personas creen que podría albergar formas de vida primitiva, como bacterias comedoras de metano.

Otra de las lunas de Saturno, Encelado, es una destinación popular para la astrobiología. Cuando la sonda Cassini pasó volando sobre la luna cubierta de hielo, detectó una vasta pluma de vapor de agua que provenía de grietas cercanas a su polo sur. Un punto más abajo, libera vapor mediante respiraderos termales, que se han abierto porque las fuerzas de marea generadas por su cercanía a Saturno la retuercen. Es posible que la vida pudiera sobrevivir bajo la superficie, donde hay agua líquida.

La sonda espacial Europa Clipper, lanzada en octubre de 2024, de en camino a la luna de Júpiter, Europa, con el objetivo de investigar la posible existencia de vida en su océano salino subterráneo. La llegada está prevista para abril de 2030.

La idea en síntesis: sigue el agua

50 La paradoja de Fermi

La detección de vida en otro punto del universo sería el mayor descubrimiento de todos los tiempos. El profesor de física Enrico Fermi se preguntó por qué, teniendo en cuenta la edad y la vastedad del universo, así como la presencia de miles de millones de estrellas y planetas que han existido durante miles de millones de años, ninguna civilización alienígena se ha puesto en contacto con nosotros. Esta era su paradoja.

Mientras charlaba con sus colegas a la hora del almuerzo en 1950, Fermi, al parecer, se preguntó: «¿Dónde están?». Nuestra galaxia contiene miles de millones de estrellas y hay miles de millones de galaxias en el universo, así que hay billones de estrellas. Si solo una pequeña fracción de ellas tuviera planetas, eso suponía un gran número de ellos. Si una parte de esos planetas albergaba vida, debería haber millones de civilizaciones ahí afuera. Así que, ¿por qué no las hemos visto? ¿Por qué no se han puesto en contacto con nosotros?

Ecuación de Drake En 1961, Frank Drake trasladó a una ecuación la probabilidad de que una civilización alienígena con la que pudiéramos contactar viva en otro planeta de la Vía Láctea. Se conoce como la ecuación de Drake. Nos dice que existe la posibilidad de que coexistamos con otras civilizaciones, pero la probabilidad es bastante incierta. Carl Sagan sugirió una vez que hasta un millón de civilizaciones alienígenas podrían vivir en la Vía Láctea, pero más adelante rechazó su propia afirmación, y desde entonces otros científicos han considerado que esa cifra se reducía a una civilización, concretamente, la humana.

Más de medio siglo después de que Fermi planteara su pregunta, todavía no hemos oído nada. A pesar de nuestros sistemas de comunicación, nadie ha llamado. Cuanto más exploramos nuestro vecindario local, más solitario parece. Ni en la Luna, ni en Marte, ni en asteroi-

Cronología

1950
Fermi se pregunta por la ausencia de contacto alienígena

1961
Drake plantea su ecuación

des ni en los planetas del sistema solar exterior se ha encontrado rastro alguno de signos concretos de vida, ni siquiera de la bacteria más simple. Tampoco hay signos de interferencia en la luz de las estrellas que pudieran indicar máquinas gigantes orbitando a su alrededor y cosechando energía de ellas. Y no es porque no haya mirado nadie. Dado lo que está en juego, se presta mucha atención a la búsqueda de inteligencia extraterrestre.

Búsqueda de vida ¿Cómo saldríamos a buscar signos de vida? La primera manera es buscar microbios en nuestro sistema solar. Los científicos han escudriñado las rocas de la Luna, pero son basalto inanimado. Se ha sugerido que los meteoritos de Marte podrían contener vestigios de bacterias, pero todavía no se ha probado que las burbujas ovoides de esas rocas hayan albergado vida alienígena o no se hubieran contaminado después de haber caído a la Tierra, o bien que se hayan producido por procesos naturales. Las cámaras de naves y sondas han recorrido las superficies de Marte, de asteroides y ahora incluso de una luna del sistema solar exterior (Titán, que orbita Saturno). Pero la superficie de Marte está seca, y la de Titán está empapada de metano líquido y, por ahora, desprovista de vida. Europa, una luna de Júpiter, puede albergar mares de agua líquida debajo de su superficie congelada. Por tanto, el agua líquida tal vez no sea un artículo extraño en el sistema solar exterior, lo que aviva las esperanzas de que pueda encontrarse vida algún día.

Sin embargo, los microbios no van a venir a llamar a nuestra puerta. ¿Y qué hay de los animales o plantas más sofisticados? Ahora que se están detectando planetas alrededor de estrellas lejanas, los astrónomos planean diseccionar la luz que proviene de ellos en busca de la

«Una inteligencia exterior que explorara el sistema solar con verdadera imparcialidad es probable que describiera el Sol en sus registros así: estrella X, clase espectral G0, 4 planetas más escombros.»

Isaac Asimov, 1963

1996

Meteoritos de la Antártida apuntan a una forma de vida primitiva en Marte química que podría permitir o indicar vida. Podrían encontrarse indicadores espectrales del ozono o de la clorofila, pero antes hay que hacer observaciones muy precisas, como las que permitirá la siguiente generación de misiones de la NASA, como la del Terrestrial Planet Finder (o Buscador de Planetas Terrestres). Estas misiones podrían descubrir a una hermana de la Tierra algún día, pero, y si lo hicieran, ¿ese mundo estaría poblado por humanos, peces o dinosaurios? ¿O bien contendría continentes y mares vacíos y sin vida?

Contacto La vida de otros planetas, incluso parecidos a la Tierra, podría haber evolucionado de forma diferente a la de la Tierra. No podemos estar seguros de que los alienígenas pudieran comunicarse con nosotros. Desde que empezaron las emisiones de radio y televisión, sus señales han estado extendiéndose más allá de la Tierra, viajando por el espacio a la velocidad de la luz. Así, un aficionado a nuestra televisión de Alfa Centauri (a cuatro años luz de distancia) vería los canales de la Tierra de hace cuatro años, disfrutando quizás de repeticiones de la película *Contact*. Las películas en blanco y negro estarían llegando a la estrella Arcturus, y Charlie Chaplin podría ser la estrella de Aldebarán.

La Tierra está lanzando muchas señales, siempre y cuando se tenga una antena para captarlas. ¿No harían lo mismo otras civilizaciones avanzadas? Los radioastrónomos baten las estrellas lejanas en busca de signos de señales no naturales. El espectro de radio es tan amplio, que se están centrando en frecuencias cerca de las transiciones naturales de energía, como las del hidrógeno, que debería ser igual en todo el universo. Buscan transmisiones que sean regulares o estructuradas,

Ecuación de Drake

$$N = N^* \times f_p \times n_e \times f_l \times f_i \times f_c \times f_L$$

donde:

N es el número de civilizaciones de la galaxia de la Vía Láctea cuyas emisiones electromagnéticas son detectables.

N^* es el número de estrellas que hay en la galaxia.

f_p es la fracción de esas estrellas con sistemas planetarios.

n_e es el número de planetas, por sistema solar, con un entorno adecuado para la vida.

f_l es la fracción de planetas adecuados en los que la vida realmente aparece.

f_i es la fracción de planetas que albergan vida en los que la vida inteligente emerge.

f_c es la fracción de civilizaciones que desarrollan una tecnología que libera signos detectables de su existencia en el espacio.

f_L es la fracción del tiempo de vida planetario a lo largo del cual las civilizaciones anteriores liberan señales detectables al espacio (en el caso de la Tierra, esta fracción es muy pequeña).

«Nuestro Sol es una de las cien mil millones de estrellas de nuestra galaxia. Nuestra galaxia es una de los miles de millones de galaxias que pueblan el universo. Sería el colmo de la arrogancia pensar que somos los únicos seres vivos en semejante inmensidad.»

Werner von Braun

pero que no estén causadas por ninguno de los objetos astronómicos conocidos.

En 1967, la estudiante de doctorado Jocelyn Bell se llevó un susto en Cambridge cuando descubrió pulsos regulares de radioondas provenientes de una estrella. Hubo quien realmente pensó que era un código Morse alienígena, pero en realidad era un nuevo tipo de estrella de neutrones rotatoria, que ahora llamamos púlsar. Como el proceso de registrar miles de estrellas puede llevar bastante tiempo, en Estados Unidos se ha iniciado un programa especial llamado SETI, el acrónimo de *Search for Extra-Terrestrial Intelligence* (Búsqueda de Inteligencia Extraterrestre).

A pesar de analizar años de datos, el programa todavía no ha captado ninguna señal extraña. Otros radiotelescopios buscan de vez en cuando, pero tampoco han descubierto nada que no tenga un origen terrestre.

Hemos salido a comer Teniendo en cuenta que podemos pensar en muchos modos de comunicar y detectar signos de vida, ¿por qué no podría cualquier otra civilización devolver nuestras llamadas o enviarnos las suyas? ¿Por qué la paradoja de Fermi sigue siendo cierta? Se proponen muchas ideas. Quizás la vida existe solo durante un periodo breve de tiempo en un estado avanzado en el que la comunicación sea posible. ¿Por qué podría ser así? Quizás la vida inteligente siempre se borra rápidamente del mapa. Quizás es autodestructiva y no sobrevive mucho tiempo, de manera que las posibilidades de poder comunicarse y de tener a alguien cerca con quien hacerlo son, en realidad, muy bajas. También hay opciones más paranoicas. Quizás los alienígenas no quieren contactar con nosotros y sufrimos un aislamiento deliberado. O quizás, están demasiado ocupados y todavía no han puesto a ello.

La idea en síntesis: ¿hay alguien ahí afuera?

Glosario

Aceleración Cambio en la velocidad de algo en un tiempo determinado.

Agujero negro Región donde la gravedad es tan extrema que no permite escapar la luz.

Agujero negro supermasivo Agujero negro con una masa equivalente a millones de estrellas.

Átomo Pequeño bloque de construcción de la materia que puede existir independientemente.

Barión Partícula formada por tres quarks, como los protones y neutrones.

Campo Magnético, eléctrico, de gravedad, un medio de transmitir una fuerza a una distancia.

Cefeida Estrella variable cuyo ritmo es proporcional a su luminosidad.

Cero absoluto Una temperatura de –273 grados Celsius; la temperatura más fría que se puede alcanzar.

Constante de Hubble Índice de expansión del universo.

Constelación Patrón reconocido de estrellas en el cielo.

Desplazamiento al rojo Caída de la frecuencia de un objeto que se aleja debido a la expansión del universo.

Difracción Expansión de las ondas cuando pasan por un borde afilado o ranura.

Dualidad onda-partícula Propiedad, particularmente de la luz, según la cual a veces se comporta como una onda, y otras, como una partícula.

Edad del universo Unos 14.000 millones de años, determinados por el ritmo de expansión.

Elementos ligeros Los primeros elementos que se formaron en el Big Bang: hidrógeno, helio y litio.

Energía Magnitud que establece la capacidad de cambio al ser intercambiada.

Energía oscura Forma de energía del espacio vacío que hace que el espacio-tiempo se expanda aceleradamente.

Espacio-tiempo Espacio geométrico combinado con el tiempo en una sola función de la relatividad.

Espectro Secuencia de ondas electromagnéticas, desde rayos de radioondas a rayos gamma.

Estrella Bola de gas que experimenta una fusión nuclear en su núcleo.

Estrella de neutrones Esfera colapsada de una estrella extinta, que se mantiene por la presión cuántica.

Exoplaneta Planeta que orbita a una estrella diferente al Sol.

Fase Cambio relativo de longitud de onda entre picos de dos ondas.

Fisión Ruptura de núcleos pesados en otros más ligeros.

Fondo de microondas cósmico Tenue resplandor de microondas que surge de todas las zonas del cielo desde el Big Bang.

Fotón Luz que se manifiesta como partícula o paquete de energía.

Frecuencia Ritmo al que las crestas de onda pasan por algún punto.

Fuerza Impulso, empujón o tirón que cambia el movimiento de algo.

Fusión Combinación de núcleos ligeros para formar otros más pesados.

Galaxia Agrupamiento definido de millones de estrellas, como nuestra Vía Láctea.

Galaxia activa Una galaxia que muestra signos de procesos de alta energía en su centro, dirigido por un agujero negro supermasivo.

Gas Nube de átomos o moléculas no ligados entre sí.

Gravedad Fuerza fundamental por la que los objetos se atraen unos a otros.

Inercia Véase **Masa**.

Inflación Dilatación muy rápido del universo en la primera fracción de segundo.

Interferencia Combinación de ondas de fases diferentes que pueden reforzarse o cancelarse la una a la otra.

Ion Átomo con carga eléctrica debido a la pérdida o ganancia de electrones.

Isótopo Formas elementales con masas nucleares diferentes por la adición de neutrones.

Isotropía Distribución uniforme de algo.

Lente gravitatoria Curvatura de los rayos de luz cuando pasan junto a un objeto masivo.

Línea de absorción Raya oscura en un espectro a una frecuencia de luz concreta.

Línea de emisión Incremento de la luminosidad de una frecuencia de luz específica de un espectro.

Longitud de onda Distancia entre las crestas consecutivas de una onda.

Masa Número atribuido de átomos o energía equivalente que algo tiene.

Materia oscura Materia invisible detectable solo por su gravedad.

Mecánica cuántica Leyes del mundo subatómico, muchas de las cuales no son intuitivas, pero siguen reglas matemáticas.

Modelo estándar Teoría de familias de partículas elementales e interacciones fundamentales.

Molécula Combinación de átomos que se mantienen unidos por enlaces químicos.

Momento Producto de la masa y la velocidad que expresa lo difícil que resulta parar algo que ya está en movimiento.

Multiverso Sistema de muchos universos paralelos, pero separados.

Nebulosa Nube borrosa de gas o de estrellas; denominación temprana de una galaxia.

Núcleo Parte central de un átomo hecha de protones y neutrones.

Nucleosíntesis Formación de elementos por fusión nuclear.

Onda electromagnética Onda que transmite energía mediante campos eléctricos y magnéticos.

Órbita Trayectoria similar a un anillo alrededor de un cuerpo, a menudo elíptica.

Planeta Cuerpo en órbita con gravedad propia, demasiado pequeño para experimentar fusión.

Polvo cósmico Hollín y partículas que absorben y enrojecen la luz.

Presión Fuerza por unidad de área.

Presión cuántica Límite fundamental establecido por las reglas de la mecánica cuántica que impide que algunos tipos de partículas existan en estados idénticos en una proximidad cercana.

Púlsar Estrella de neutrones rotatoria y magnetizada que emite pulsaciones de radio.

Quark Partícula fundamental, tres de los cuales se combinan para formar protones y neutrones.

Radiación de cuerpo negro Resplandor de luz emitido por un cuerpo negro a cierta temperatura.

Reflexión Inversión de una onda cuando golpea una superficie impenetrable.

Refracción Curvatura de las ondas, que se ralentizan en un medio más denso.

Supernova Explosión de una estrella moribunda cuando se detiene la fusión.

Temperatura En grados Kelvin, medida respecto al cero absoluto (–273 °C).

Universo Conjunto de todo el espacio y el tiempo, que por definición lo incluye todo.

Vacío Espacio que no contiene átomos; el espacio exterior no está totalmente vacío.

Velocidad Magnitud física que expresa el desplazamiento por unidad de tiempo.

Índice

Los números **en negrita** indican una entrada en el glosario

A

aberración estelar, 41, 43
aceleración, 20, 22, 85, 87, **208**
aceleradores de partículas, 73, 106
acoplamiento orbital, 198
AGN, *véase* núcleos galácticos activos
agua, 194, 199
agujeros de gusano, 103
agujeros negros, 96, 99, 100-103, 145-147, 150, **208**
agujeros negros supermasivos, 144-147, **208**
Alfa Centauri, 206
Alpher, Ralph, 61, 62, 64, 69
Anderson, Carl, 72
anillo de Einstein, 98, 154
antimateria, 72-75
antipartículas, 72-75
antiprotón, 73
años luz, 46
arco, segundos de, 41
Aristarco de Samos, 12
armonía, 114
astrobiología, 200-203
astronomía basada en la variabilidad temporal, 183
astronomía de rayos gamma, 178
astropartículas, 104-107
átomos, 104, **208**

B

Backer, Don, 175
bariones, 78, 79, 106, **208**
Barrow, John, 117
Bell, Jocelyn, 172, 173, 207
Betelgeuse, 159
Bethe, Hans, 69, 71, 162
Big Bang, 51, 60-63, 68-70
Big Crunch, 63, 77, 86
Big Rip, 86
bombardeo tardío, 195
bosón de Higgs, 109-111
bosones W, 106, 108, 109
bosones X, 75
bosones Z, 106, 108, 109
Brahe, Tycho, 17, 19, 169, 193
Búsqueda de Inteligencia Extraterrestre, 207

C

caída libre, 96
calculadoras de Harvard, 157
calor, 163
campo de Higgs, 109
campo profundo de Hubble, 123
candelas estándares, 59
Carter, Brandon, 117
centro galáctico, 145, 155
Ceres, 10, 11
cero absoluto, 164, **208**
Chadwick, James, 104
Chandrasekhar, Subrahmanyan, 102, 170
ciclo solar, 186
cielo oscuro, 50
cinturón de asteroides, 194
clasificación estelar, 156-159
COBE, *véase* Explorador del Fondo Cósmico
cometas, 193
comunicación extraterrestre, 172
condiciones de gravedad cero, 96
constante cosmológica, 84-87
constante de Hubble, 54, 154, **208**
constelaciones, 40, 44, **208**
convección, 163, 185
Copérnico, Nicolás, 13, 14
corona, 185, 187
corpúsculos, 25
cromosfera, 185
cuásares, 103, 130, 136-139, 153, 181

cuerdas cósmicas, 110
cúmulo de Virgo, 126
cúmulos galácticos, 124-127
cúmulos globulares, 44
Curtis, Heber, 45, 46, 47, 53
Cygnus A, 134

D

Darwin, Charles, 200
Davis, Donald, 197
De Broglie, Louis-Victor, 26
densidad de flujo, 132
desplazamiento al rojo, 25, 39, **208**
  efecto Doppler, 38
  evolución de galaxias, 148
  ley de Hubble, 53
  líneas de absorción, 35
  universo en expansión, 50, 54, 58, 61
desplazamiento hacia el rojo cosmológico, 38
desplazamientos al azul, 39
destello de helio, 168
deuterio, 61-70
diagrama de Hertzsprung-Russell, 160
diapasón de Hubble, 121, 122
Dicke, Robert, 117
difracción, 31, **208**
Digges, Thomas, 42
dilatación temporal, 95
dióxido de titanio, 158
dipolo, 65
Dirac, Paul, 72-74
disco de acreción, 137
Doppler, Christian, 38
Draconis, 42
Dreyer, Johann, 124
dualidad onda-partícula, 26, 27, **208**

E

ecuación de Drake, 204, 206
Eddington, Arthur, 152
efecto Doppler, 35, 36-39, 53, 188
efecto fotoeléctrico, 27
Einstein, Albert , 25, 27, 84, 93, 94, 152
electrones, 104, 106
elementos, 32, 61, 66, 162
elementos ligeros, 66-70, **208**
elementos pesados, 158
enanas blancas, 170
Encelado, 196, 203
energía negativa, 72
energía oscura, 59, 63, 86, 172, **208**
epiciclos, 13
época oscura, 149
Eris, 9
escalera de distancia cósmica, 56-59, 125
espacio-tiempo, 62, 78, 80, 94, 97-98, **208**
espacio multidimensional, 62
espectro, 24, **208**
espectro de los cuerpos negros, 65, 66, 167
espectro electromagnético, 25, 132
espectro solar, 32
espectroscopia, 33
esquema unificado, 139
estrella cefeida variable, 46, 53, 54, 57, 125, 181-183, **208**
estrella de neutrones, 170, **208**
estrellas, 11, 122
estrellas binarias, 165, 167
estrellas congeladas, 101-102
estrellas variables, 180-181
estrellas Wolf-Rayet, 159
estudio de desplazamiento al rojo, 128
éter, 92
Europa, 203
evolución de la galaxia, 148-149
evolución estelar, 160-163
exoplanetas, 188-191, **208**
Explorador del Fondo Cósmico (COBE), 65
explosiones de rayos gamma, 176-179

F

falsacionismo, 113
fisión, 105, **209**
fluctuaciones, 65-67
fondo de microondas cósmico, 62, 64-67, 86, **209**
formación del sistema solar, 192-195
fotones, 26, 27, 108, **209**
Fraunhofer, Joseph von, 34
fuerzas, 20, 113, **209**
fusión, 105, 161, 185, **209**
fusión nuclear, 61

G

galaxias, 45-59, 120-124, 129-130, **209**
galaxias de la discontinuidad de Lyman, 150
galaxias elípticas, 120-122, 129, 138, 155, 171, 179
galaxias espirales, 121-122, 146, 148, 171
Galileo Galilei, 14, 15, 89
Gamow, George, 61, 62, 69, 139, 195
Giacconi, Riccardo, 140, 141, 142
gluones, 106, 108
Gran Colisionador de Hadrones (LHC), 110
Gran Muralla (de galaxias), 129
gravedad, 20, 21-22, 77, 88, 90, 165, **209**
Grupo Local, 125
Guth, Alan, 82

H

Hartmann, William, 197
Hawking, Stephen, 102, 103
helio, 68, 170
heliocentrismo, 12-15
heliopausa, 186
Herschel, William, 8, 10, 41, 124
Hewish, Tony, 172
hidrógeno, 68
  Big Bang, 65-66
  evolución de la galaxia, 148, 149, 150
  fusión, 161
  líneas de absorción, 32-33, 34-35
Higgs, Peter, 108
hipótesis del impacto gigante, 197
hipótesis nebular, 193
hollín, 57, 122
Holwarda, Johannes, 180
Hooke, Robert, 21, 42, 43
horizonte de sucesos, 100
Hoyle, Fred, 60, 135, 173
Hubble, Edwin, 47, 52, 61, 120
Hulse, Russell, 173, 174
Huygens, Christiaan, 21, 41, 196

I

índice de refracción, 29
inercia, 89, **209**
inflación, 82-83, **209**
inflación cósmica, 80-83
infrarrojos, 26
interferencia, 34, **209**
ionización, 35
isótopos, 105, **209**

J

Jansky, Karl, 132
Júpiter, 194
júpiteres calientes, 190

K

Kaluza, Theodor, 114
Kant, Immanuel, 41
Kepler, Johannes, 15, 16-19, 22, 49

L

Laplace, Pierre-Simon, 100, 192
lentes, 28

lentes gravitacionales, 96, 127, 152-155, **209**
leptones, 106
ley de Hubble, 52-55, 58, 61, 85, 182
ley del inverso del cuadrado, 21-22
ley universal, 22-23
LHC, *véase* Gran Colisionador de Hadrones
límite de Chandrasekhar, 170
líneas de absorción, 32-33, 34, 35, **209**
líneas de emisión, 33, 136, 138, **209**
líneas de Fraunhofer, 32-35, 130, 157
líneas espectrales, 34
Lipperhey, Hans, 28
litio, 68
longitud de onda, 25, **209**
luminiscencia óptica, 177
lunas, 141, 194, 196-199
luz, 24-25, 95
luz ultravioleta, 26, 130, 150
luz visible, 24-25

M

Mach, Ernst, 90
MACHO, *véase* objeto astrofísico masivo de halo compacto
magnitudes, 158
manchas solares, 186
mareas, 198
Marte, 17, 193
masa, 20, 73, 77, 89,108, **209**
masa de Jeans, 165
materia oscura, 76-78, 122-123, **209**
medio intracumular, 126
Mercurio, 193
mesones, 106
Messier, Charles, 124, 126
meteoritos, 195
meteorología espacial, 186
método científico, 19, 113
método estadístico, 59
Michell, John, 100
Michelson, Albert, 92
microlentes, 155
microondas, 26, 62, 64-67, 86
Miller, Stanley L., 201
modelo jerárquico, 151
monopolos, 110
Morley, Edward, 92
movimiento, 91-95
movimiento retrógrado, 13-14, 16
muertes estelares, 168-171
multiversos, 118, **209**
muones, 106

N

nacimiento de las estrellas, 164-167
nebulosa de Andrómeda, 44, 53, 125
nebulosa en espiral, 46
nebulosas, 44, 53, **210**
nebulosas planetarias, 169
neón, 33
Neptuno, 23, 194
neutrinos, 74, 79, 105, 107, 187
neutrones, 104-106
Newton, Isaac, 20-23, 24-27, 41, 90-91
Nobel, premio, 173
nubes de Lyman-alfa, 130
nubes de Magallanes, 125
núcleo, 104-105, **210**
núcleos galácticos activos (AGN), 138
nucleosíntesis, 68-71, **210**

O

objeto astrofísico masivo de halo compacto (MACHO), 78, 79, 155
objeto casi estelar (QSO), *véase* cuásares
observatorio espacial Chandra, 141
observatorio espacial Herschel, 166
Olbers, Heinrich, 49
ondas de gravedad, 99
ondas de luz, 24-25

ondas de radio, 24, 26
ondas de sonido, 36
ondas gravitatorias, 174-175
óptica adaptativa, 31
órbitas, 18-19, **210**

P

panspermia, 202
paradoja de Fermi, 204-207
paradoja de los gemelos, 94
paradoja de Olbers, 48-51
paralaje, 40-43, 56-57
pársecs, 42, 52
partícula de Dios, 108-111
partícula masiva débilmente interactiva (WIMP), 78-79
partículas alfa, 104
partículas tauones, 106
Penzias, Arno, 62, 64
peso, 89
Planck, Max, 95
planeta X, 8-9
planetas, 8-11, 37, **210**
planetas de gas, 194
planetas enanos, 11
planetas extrasolares, 37
Pléyades, 44
Plutón, 8, 10-11, 195
Polaris, 42, 182
polígonos, 16
polvo cósmico, 57, **210**
polvo de estrellas, 161
Popper, Karl, 113
positrones, 72-73
principio antrópico, 116-119
principio de Mach, 88-91
prismas, 24
problema del horizonte, 82
procesamiento de la información, 117
protoestrellas, 164-167
protones, 75, 104-105
Ptolomeo, 12-14
púlsares, 172-175, **210**
púlsares de milisegundos, 175
puntos calientes, 67

Q

QSO, *véase* objeto casi estelar
quanta, 64, 66, 99
quarks, 105-106, **210**
quintaesencia, 86

R

radiación, 163
radiación de Hawking, 102
radioastronomía, 132-135
radiogalaxias, 134-135
radiointerferometría, 133
radiotelescopios, 133-134
rayos cósmicos, 107
rayos X, 22, 140-143
rayos X cósmicos, 140-141
Reber, Grote, 132, 133
red cósmica, 128
redes de difracción, 33-34
refracción, 29-30, **210**
reionización, 149-150
relatividad, 23, 174
véanse también teoría de la relatividad general; relatividad especial
relatividad especial, 92-95
resplandor de estrellas, 162
Röntgen, Wilhelm, 143
ruido cósmico, 134
ruptura de simetría, 111
Rutherford, Ernest, 104
Ryle, Martin, 134, 135

S

Sagitario, 132
Saturno, 194
Schmidt, Maarten, 136
Schwarzschild, Karl, 100
secuencia de Hubble de galaxias, 120-123
serie Balmer, 158
serie de Lyman, 158
SETI, *véase* Búsqueda de Inteligencia Extraterrestre

Shapley, Harlow, 45, 53
Sirio, 42
sistemas de referencia inerciales, 95
SKA, *véase* Square Kilometre Array
Slipher, Vesto, 39
Sloan Digital Sky Survey, 129
Sol, 32, 45, 184-187
sonda Huygens, 202
sopa primordial, 201-202
Square Kilometre Array (telescopio SKA), 150, 175
supernovas, 58, 85-86, 170-171, **210**
Swedenborg, Emanuel, 192

T

Taylor, Joe, 173, 174
telescopio espacial Hubble, 31, 54, 98, 123
telescopios, 28-31
telescopios reflectantes, 30-31
temperatura, 62, 64, 65, 67, 69, 137, 156, 160, **210**
teoría cuántica, 66, 99, 114
teoría de cuerdas, 62, 112-115
teoría de la relatividad general, 80, 96-99
teoría M, 62, 114, 119
texturas, 110
Theia, 197, 198
Tierra, 193
Tipler, Frank, 117
Titán, 196, 202-203, 205
titilar de estrellas, 31
Tombaugh, Clyde, 9
tritio, 68-69

U

unidades astronómicas (UA), 47
unificación, 113-114
universo, **210**
  en aceleración, 85
  estirón, 82-83
  expansión, 55, 61, 82-83
  geometría del universo, 81-82
  homogeneidad, 82
  planitud, 82-83
  temperatura, 62, 64, 65, 67, 69
  uniformidad, 81
universo abierto, 77
universo burbuja, 118
universo estacionario, 60, 84, 135
universos islas, 47
universos paralelos, 118
Urano, 8, 194, 195
Urey, Harold C., 201

V

vacíos, 128, **210**
  véase también agujeros negros supermasivos
velocidad, 94, **210**
velocidad de escape, 100
velocidad de la luz, 92-94
Venus, 193
Vía Láctea, 40, 44-47, 53, 125
Vomit Comet, 96
Von Fraunhofer, Joseph, 32, 34

W

Wheeler, John, 101
Wilkinson Microwave Anisotropy Probe (WMAP), 65
Wilson, Robert, 62, 64
WIMP, *véase* partícula masiva débilmente interactiva
WMAP, *véase* Wilkinson Microwave Anisotropy Probe

Z

zona habitable, 191
Zwicky, Fritz, 76, 152